위기의
지구 돔을
구하라

위기의 지구 돔을 구출하라

공존을 위한
생태 과학 소설

이한음 지음

사계절

등장인물

남윤 : 주인공, 중1 남학생

자윤 : 주인공, 고1 여학생

이상 : 남윤과 자윤의 아빠, 곤충학자

보탄 : 식물학자

클라우드 : 기후학자

더스티 : 토양학자

머천트 : 책임 관리자

덱스트러 : 인부

1
뜻밖의 폐쇄

"와! 정말 넓네. 끝이 안 보여."

자윤은 입을 쩍 벌리고 감탄하는 표정으로 둘러보았다. 숲 가장자리를 따라 드넓은 호수가 펼쳐져 있었다. 호수 저편으로 멀리 가물가물하게 민둥산 같은 것이 보이는 듯했다. '뉴 바이오 스피어' 실험이 시작되기 전에 견학하게 해 달라고 아빠를 졸라 댄 것이 잘한 일인 양 여겨졌다.

"누나, 입 닫아. 파리 들어가."

남윤의 말에 자윤은 재빨리 입을 다물었다. 하지만 곧 궁금해졌다.

"아빠, 여기 파리도 있어요?"

입구에서 망원경으로 살펴보던 아빠가 빙긋 웃으면서 말했다.

"당연히 있지. 모기도 있고. 가만, 거머리도 있을 텐데."

"으으, 그런 것들은 빼면 안 돼요?"

자윤이 몸서리를 치자, 옆에서 남윤이 히죽거리면서 말했다.

"흡혈 파리와 피라니아도 있대!"

자윤은 남윤을 한 대 쥐어박는 시늉을 하면서 아빠를 쳐다보았다. 아빠는 웃으면서 고개를 저었다.

"아니, 그런 것들은 없어. 굳이 그런 혐오스러운 동물들까지 들여놓을 필요는 없지. 파리와 모기야 어디에나 있는 곤충이니까 어쩔 수 없지만. 아마 원치 않아도 어디에 섞여서 들어오고도 남았을 거야. 물론 다른 동물들의 먹이도 되고 말이야. 자, 들어가 볼까."

그들은 돔 안으로 들어섰다. 자윤은 공기가 달라지는 것을 느낄 수 있었다. 돔 바깥의 사막은 살갗이 따가울 정도로 메마르고 뜨거웠는데, 안은 시원하고 습했다.

"진작 들어올걸."

남윤은 그렇게 중얼거리면서 앞서갔다. 좀 더 안으로 들어가면 더 시원할 것이라고 생각한 모양이었다.

그들이 향한 곳은 관리 사무소였다. 관리 사무소는 작은 단층 건물이었다. 벌써 몇몇 덩굴 식물이 벽을 덮으면서 올라가고 있었다. 자윤은 이 시설의 전체 규모에 견주면 관리 사무소가 너무 작지 않나 생각했다.

관리 사무소 안에 들어가니 갖가지 포스터와 신문, 잡지 기사를 확대한 종이가 벽에 잔뜩 붙어 있었다. "인류의 미래를 향한 실험이 재개되다!", "인류 역사에 이정표가 될 실험" 같은 글귀가 눈에 띄었다. 그러나 자윤은 포스터도 그렇고 신문 기사도 그렇고 왠지 색이 바랜 듯한 느낌을 받았다. 가까이 다가가서 한 신문 기사를 살펴보니 거의 20년 전 기사였다. 다른 기사들도 마찬가지였다. 포스터에는 날짜가 찍혀 있지 않았지만, 비슷한 시기에 만든 것 같았다.

"오래된 거야. 실험 계획이 발표될 때 나온 기사들이지. 기획 사무실에 걸려 있던 걸 가져온 건데, 곧 다 바꿀 거야. 실험을 시작하기 전에 여기서 기자 회견을 열 예정이거든."

낯선 목소리가 들려 뒤를 돌아보니 초록색 점퍼를 입은 남자가 서 있었다. 왼쪽 가슴에 '뉴 바이오스피어 기획단, 부장 머천트 와이어드'라고 적힌 명찰을 달고 있었다.

"반갑다. 너희가 이상 박사님 아이들이구나. 생각보다 큰데."

머천트 부장은 자윤의 아빠와 악수를 나누었다. 아빠가 머천트 부장을 소개했다.

"이분이 사실상 이 시설 건설을 총괄했어. 이런 거대한 시설은 짓기가 쉽지 않아. 여러 가지 골치 아픈 문제들이 많이 생기지. 그런 문제들을 이분이 도맡아 해결하면서 완공한 거야. 아주 대단한 분이지."

"아프리카 우림과 초원을 옮겨 오는 일이 가장 힘들었어. 부족 갈등과 내전 때문에 위험이 많았거든. 환경 파괴를 걱정하는 사람들과도 타협해야 했고. 그 일에 너희 아빠가 많은 도움을 주셨단다."

"아프리카 곤충을 연구하면서 많은 사람들과 인맥을 쌓은 덕분이었지."

아빠와 머천트 부장은 서로 바라보면서 활짝 웃었다. 남윤은 그사이에 벌써 건물 안을 다 둘러본 모양이었다. 아빠와 머천트 부장이 이야기를 나누는 동안 자윤의 귀에 속삭였다.

"달랑 책상 하나만 있고 아무것도 없어. 뭐 이래?"

자윤도 좀 이상하다고 생각하긴 했다. 세계를 놀라게 할 실험이라고 하면서, 안에 멋진 건물 하나조차 없으니 말이다. 시설 규모에 비해 건물이 너무 초라해 보였다.

아빠가 남윤의 표정을 보고서 눈치를 챈 듯했다.

"녀석, 벌써 다 둘러본 모양이구나. 여기는 임시 시설일 뿐이야."

머천트 부장이 더 자세히 설명해 주었다.

"여기는 건설할 때 담당 직원들이 모여서 회의를 하던 곳이야. 시설이 완공돼서 텅 빈 거지. 열흘 뒤에 기자 회견을 열고 나면 폐쇄할 거야."

"그러면 사람들은 어디에서 생활해요?"

자윤이 묻자, 머천트 부장은 저쪽 호숫가를 가리켰다.

"여기서 500미터쯤 떨어진 곳이야. 휴양지에 있는 멋진 별장 같지."

자윤은 궁금증이 일었다.

"밖에서 지켜보는 사람들은 없나요? 무슨 일이 생길지도 모르잖아요."

머천트 부장은 살짝 인상을 찌푸렸다.

"우선 한마디 하자면, 밖에다 도움을 청할 일 따위는 생기지 않아. '바이오스피어 2'의 실패, 아니, 문제점들을 철저히 분석해서 대비책을 세웠거든. 문제가 생겨도 안에서 다 해결할 수 있도록 말이지. 하지만 실험이 시작되면 보러 오는 사람들이 늘어날 거야. 그래서 돔 꼭대기까지 올라갈 수 있는 계단과 에스컬레이터를 설치했어. 관광객들을 끌어들이기 위해서지. 이 시설에는 엄청난 비용이 들어갔거든. 관광객이 많아지면 그만큼 홍보가 되고 수익을 올릴 수 있지. 물론 처음부터 관광객에게 개방하지는 않을 거야. 거주자들의 생활이 웬만큼 안정된 다음에 개방해야지. 또 돔 바깥 다섯 군데에 전망대를 세울 계획도 있어. 숙소를 겸해서 말이야."

그때 전화가 왔다. 머천트 부장은 전화를 받기 위해 책상으로 향했다.

남윤이 자윤에게 속삭였다.

"너무 자신만만한 거 아냐? 우리도 카오스 이론쯤은 알고 있다고 말해 주지 그랬어? 나비의 날갯짓에…… 폭삭!"

남윤은 두 팔을 높이 들었다가 푹 주저앉으면서 시설이 폭삭 내려앉는다는 몸짓을 했다. 자윤은 도무지 진지함이라고는 찾아볼 수 없는 남윤을 보면서 절레절레 고개를 내저었다. 혹시라도 저런 녀석과 함께 여기에 갇히기라도 하는 날에는 끔찍한 상황이 벌어질 것 같았다.

머천트 부장이 인상을 쓰면서 돌아와 아빠한테 말했다.

"재단에서 관리 사무소를 폐쇄하기 전에 다시 점검을 해 보라네요. 뭐, 대비는 하면 할수록 좋으니까."

머천트 부장은 투덜거리면서 관리 사무소 정문 맞은편에 나 있는 문을 열었다. 지하로 내려가는 계단이 보였다.

"헉, 내 날카로운 시선을 피한 곳이 있다니!"

자윤은 남윤의 헛소리를 한 귀로 흘려보내면서, 머천트 부장의 뒤를 따라 계단을 내려갔다. 안은 널찍했다. 벽을 따라 여러 가지 기계가 있었고, 웅웅거리는 소리가 크게 들렸다. 방 한가운데에 놓인 책상들 위에 여러 대의 모니터가 보였다.

"여기는 기계실 겸 관리실이야. 이것 봐."

머천트 부장이 화면 하나를 가리켰다. 높은 나무 위에 둥지를 튼 독수리가 보였다.

"곳곳에 설치된 카메라로 지켜볼 수 있지. 드론(원격 조종 무인 비행기, 카메라를 달기도 함)으로도 살펴볼 수 있어."

남윤은 곧 다른 모니터 앞에 달라붙어서 이리저리 카메라를 돌리며 살펴보았다.

"그렇지만 여기를 폐쇄한다고 하지 않았어요?"

자윤이 묻자 머천트 부장은 고개를 끄덕였다.

"맞아. 실험이 시작되어 폐쇄되면 자동으로 전원이 내려가면서 꺼지지. 켜 놓으면 이 시설을 이용하려는 유혹에 빠질 수 있으니까. 심각한 일이 생긴다면 더 그렇겠지? 누가 몰래 문을 열고 나가려 할 수도 있어. 그래서 유혹에 빠질 소지를 아예 없애는 편이 낫다고 판단한 거야. 사실 이 시설은 이용할 일이 없을 거야. 완벽하게 대비되어 있으니까. 참, 관찰과 측정 장비는 주거 시설에서도 조작할 수 있어."

머천트 부장이 이번 실험 준비의 완벽함을 다시 한 번 강조했다. 머천트 부장은 아빠와 함께 화면을 살펴보면서 이런저런 대화를 나누었다.

자윤도 다른 모니터로 돔 안을 살펴보았다. 초원에서 돌아다니는 얼룩말이 보였다. 사막도 보였다.

"어, 잠깐. 내가 좋아하는 거야!"

남윤이 달려들더니 마우스를 뺐었다.

"사막을 좋아한다고? 웃겨."

그러자 동생은 쯧쯧 하면서 화면을 확대했다.

"보여? 뿔도마뱀이야."

자세히 보니 뭔가가 있었다. 사막처럼 황갈색을 띠고 온몸에 가시가 삐죽삐죽 나 있는 모습이었다.

"저게 뭐가 좋다는 거야?"

자윤이 투덜거리자, 남윤은 뭘 모른다는 투로 말했다.

"쟤가 얼마나 놀라운 동물인지 알아? 우선 위장술의 대가야. 누나도 내가 말하기 전에는 있는 줄 몰랐잖아. 또 쟤는 사막의 복어라고 할 수 있어. 누군가 나타나서 먹으려고 하면 몸을 부풀리면서 가시들을 쫙 펼쳐. 그러면 먹지 못하지."

"흥, 복어가 더 낫겠네."

"그게 끝이 아니야. 그래도 달려들면, 눈에서 피를 쭉 뿜어. 그러면 천적이 밥맛이 달아나서 가 버리지."

"으, 저리 가. 딴 데 볼래."

자윤은 화면을 돌렸다.

"어, 코끼리도 있네?"

자윤이 신기하다는 투로 말하자 머천트 부장이 빙긋 웃으며 대답했다.

"사바나를 유지하기 위해서야. 열대 우림의 식물들은 더 자랄 여지가 많거든. 왕성하게 자라다 보면 열대 초원인 사바나를 침

범할 수 있는데, 코끼리가 숲이 침입하지 못하도록 막아 주는 역할을 하지."

자윤은 코끼리가 코로 가느다란 나무를 뽑거나 머리로 밀어서 굵은 나무도 쓰러뜨리는 자연 다큐멘터리의 장면을 떠올렸다.

"코끼리가 나뭇잎을 뜯어 먹기 위해 나무를 쓰러뜨리니까요."

"잘 아는구나! 코끼리를 들여온 것은 열대 우림과 사바나의 균형을 유지하기 위해 우리가 선택한 한 가지 방법이야. 되도록이면 자연적인 수단을 이용하는 거지."

"아프리카에서 데려온 거예요?"

머천트 부장은 좀 난감한 표정을 지었다.

"그 점이 좀 걸리기는 해. 아프리카 야생 코끼리는 법으로 반출이 금지되어 있어서 여기저기 동물원에서 사 왔어. 그래도 야생 적응 훈련을 거쳤으니까 제 역할을 잘 해낼 거야. 어, 저기 마침 더스티 박사가 보이네."

코끼리 옆에 챙이 넓은 누런 모자를 쓴 사람이 보였다.

머천트 부장은 책상 위에 붙은 장치에서 '더스티 박사'라고 적힌 단추를 누르고 소리쳤다.

"더스티 박사님! 제 말 들려요?"

"네. 잘 들립니다, 머천트 부장님!

"최종 점검을 하라는 지시가 내려왔어요. 거기 상황은 어때요?"

더스티 박사는 풀 속에서 장치를 하나 꺼내어 살펴보면서 말했다.

"현재로서는 별 문제 없어요. 토양 성분도 정상이고, 미생물 활동도 별 특이 사항이 없어요."

"네, 알겠습니다."

머천트 부장은 마이크를 끄고서 말했다.

"더스티 박사님은 세계적인 토양학자야. 바이오스피어2 실험때 토양 때문에 큰 문제가 생겼지. 그래서 특별히 더스티 박사님을 모셔온 거야. 아, 물론 이상 박사님도 세계적인 곤충학자……."

그때였다. 머천트 부장이 말하다 말고 갑자기 소리쳤다.

"안 돼! 그건 건드리면!"

그 순간 웅웅거리는 소리가 사라지면서 모든 전등과 컴퓨터 화면이 꺼졌다. 한순간에 방 안은 암흑세계가 되었다. 자윤은 저도 모르게 눈을 껌벅거렸다. 어느새 온몸에 소름이 돋았다. 주변을 둘러보는 자윤의 눈에 계단 위쪽에서 깜박이는 비상구 불빛이 보였다.

머천트 부장이 소리쳤다.

"모두 빨리 나가요."

그들은 다급하게 계단을 올라갔다. 문을 열고 나가니 눈이 부셨다. 그때 머천트 부장이 다시 외쳤다.

"빨리, 건물 밖으로! 폐쇄될 거야!"

자윤은 눈을 찌푸리면서 건물 입구로 달려갔다. 어느새 남윤이 앞질러 달려가고 있었다. 허겁지겁 달리는 와중에도 자윤은 생각했다.

'저 말썽꾸러기 녀석이 또 사고를 친 게 틀림없어.'

자윤은 건물 밖까지 한달음에 달려가 헉헉거리면서 뒤를 돌아보았다. 옆에서는 남윤이 바닥에 철퍼덕 주저앉은 채 헉헉거리고 있었다. 자윤은 저도 모르게 남윤을 째려보았다.

남윤은 자윤의 눈길을 피하면서 우물우물 말했다.

"뭘 그렇게 눈치를 주냐. 스위치 한두 개 눌러 본 것뿐인데. 다시 켜면 되잖아. 그런데 머천트 아저씨는?"

그러고 보니 머천트 부장이 안 보였다. 아직 나오지 않은 모양이었다.

남윤이 투덜거렸다.

"거봐, 괜히 호들갑을 피웠잖아. 아무 일도 아니었……"

바로 그때, 머천트 부장이 손에 무언가를 들고 허겁지겁 뛰어나왔다. 그리고 철컹거리는 소리가 나더니 관리 사무소 입구 왼쪽에서 철문이 밀려 나와 입구를 폐쇄했다.

"후유, 하마터면 알리지도 못한 채 갇힐 뻔했네. 아니다. 지금 그게 급한 게 아니지……."

머천트 부장은 남윤에게 뭐라고 말하려다 말고, 손에 든 무전기를 켰다.

"시설 안에 있는 모든 분들께 알립니다. 지금 당장 관리 사무소 앞으로 모여 주세요. 긴급 상황입니다. 다시 한 번 알립니다……."

머천트 부장이 다급한 어조로 같은 말을 되풀이하는 동안, 남윤의 표정은 점점 울상으로 변해 갔다. 자윤은 그것참 고소하다고 남윤에게 혀를 날름 내밀었지만, 사실 그다지 걱정하지는 않았다. 그런데 아빠는 달랐다. 몹시 심각한 표정이었다.

아빠는 휴대 전화를 꺼내 눌러 보다가 포기하고 다시 주머니에 넣었다. 자윤도 휴대 전화를 켜 보았다. 아뿔싸, 통신 불능 상태였다. 그제야 자윤은 조금 걱정이 되었다.

"정말 심각한 문제가 생긴 거 아닐까?"

그러자 자기가 저지른 사고를 어느새 다 잊었는지, 다시 멀쩡한 표정으로 돌아온 남윤이 천연덕스럽게 대꾸했다.

"별 걱정을 다 하셔. 철문이야 열면 되지. 안 열리면 잘라 내면 되고."

그 말을 듣고 아빠가 인상을 쓰자, 남윤은 재빨리 미안해하는 표정으로 바꾸었다. 머천트 부장이 무전기에 대고 말하는 게 끝날 기미가 보이자, 남윤은 자윤을 팔꿈치로 슬쩍 찌르면서 소곤거렸다.

"누나, 나 화장실 좀 다녀올게."

"야, 화장실은 관리 사무소 안에 있었잖아."

남윤은 손가락으로 덤불 속을 가리키고는 슬그머니 사라졌다.

무전기로 대화를 끝낸 머천트 부장이 심각한 얼굴로 아빠에게 다가와서 말했다.

"이 안에 몇 명이 있을지 모르겠네요. 오전까지 다 나가기로 했는데, 더스티 박사님을 보면 아직까지 남아 있는 분이 계실 것 같습니다."

"너무 많으면 큰일일 텐데요. 우리 식구 세 명에다가 머천트 부장님, 더스티 박사님만 해도 다섯 명인데."

머천트 부장은 인상을 펴면서 짐짓 유쾌한 투로 말했다.

"뭐, 기껏해야 일주일 정도겠지요. 인부들이 남긴 비상식량이 몇 인분 있을 테고, 나머지는 과일과 물고기로 해결하면 되지 않겠어요? 캠핑 온 셈 치지요. 아니면 실험 예행연습을 한다고 봐도 좋고요. 더 길어지면 실험 때 거주자들이 먹을 식량을 조금

축내도 되고요."

아빠와 머천트 부장이 주고받는 이야기를 옆에서 듣고 있던 자윤은 어떤 상황이 벌어졌는지를 깨달았다. 관리 사무소만 폐쇄된 게 아니었다. 남윤이 무얼 눌렀는지는 몰라도, 이 시설 전체가 폐쇄된 것이 분명했다. 게다가 문을 곧바로 열 수 있는 상황도 아닌 듯했다. 문득, 며칠 뒤에 있을 학교 시험이 걱정되었다.

그때 슬며시 돌아온 남윤이 자윤을 끌고 한쪽으로 가서 속삭였다.

"누나, 큰일 났어! 돔 입구가 닫혔어. 열어 봤는데, 안 열려."

자윤은 남윤의 귀를 잡아당기면서 나직하게 말했다.

"네가 얼마나 큰일을 저질렀는지 이제 알겠어? 우린 꼼짝없이 여기에 갇힌 거야."

그러자 남윤은 어리둥절한 표정으로 자윤을 바라보았다.

"어? 누나 알고 있었어? 에이, 나는 깜짝 놀라게 하려고 했는데."

남윤이 아무 걱정도 안 되는 것처럼 말하자, 자윤은 화가 머리끝까지 치밀었다.

"이 철딱서니 없는 녀석아! 우리는 잠깐 갇힌 게 아니야. 며칠동안 갇혀 있게 될지 몰라. 게다가 식량이 부족하면 원시인처럼 물고기를 잡아먹으면서 지내야 할 수도 있단 말야!"

자윤의 말에 남윤은 눈을 동그랗게 떴다. 그러나 정작 나온 반응은 자윤의 예상과 정반대였다.

"정말이야? 여기 며칠 갇히게 된다고? 우아, 기분 째지는데! 누나, 정말 나한테 고맙다고 해야 해. 다 내 덕분이니까."

자윤은 허탈해서 물었다.

"뭐가 그렇게 좋은데?"

"누나는 안 좋아? 여기 있으면 시험도 안 볼 수 있잖아. '선생님, 돔에 갇혀서 시험 보러 못 가요.' 하면 선생님이 알았다고 하겠지. 그러면 실컷 놀 수 있잖아. 여긴 없는 게 없을 거야. 식량이 부족하다고? 그럴 리가 없지. 사람들이 여기서 2년 넘게 생활해야 할 텐데, 웬만한 먹을 것은 다 있을걸? 흠, 사냥도 가능할까? 해도 된다고 하면, 먼저 활이랑 창을 만들어야겠어. 옛날 타잔처럼 열대 우림에서 나무 타기도 해 봐야지. 맞아, 모험 목록을 짜야겠어. 일지도 써야지. 누나, 내가 모험할 때 같이 다녀야 해."

"내가 왜!"

자윤은 결국 빽 소리를 질렀다. 저쪽에서 아빠와 머천트 부장이 무슨 일인가 하고 돌아보는 모습이 보였다. 자윤은 얼른 씩 웃으면서 아무 일도 아니라고 손을 흔들었다.

"내가 왜 너랑 다녀야 하는데?"

"누나도 생각해 봐. 요즘 세상에 이런 모험이 가능하겠냐고. 비행기도 타지 않고 열대 우림과 사막, 사바나, 바다와 호수를 몇 시간 사이에 마음껏 오갈 수 있잖아? 전 세계의 자연을 한꺼번에 탐사할 수 있는 절호의 기회야. 이건 기록으로 남겨야 해. 내 모험담을 학교 친구들에게 알려야 하잖아. 그러니까 누나가 사진과 동영상을 찍어 줘야 한다고."

아무리 동생이라지만, 자윤은 더 이상 남윤과 말을 하고 싶지 않았다. 심각한 일은 심각하게 받아들여야 하는데, 남윤한테서는 그런 사고를 전혀 기대할 수가 없었다.

자윤은 휙 돌아서서 아빠가 있는 곳으로 가며 중얼거렸다.

"내가 너무 심각하게 생각하는 걸까? 쟤 말대로 며칠 캠핑 왔다고 생각해도 되잖아?"

그렇게 생각하니 왠지 마음이 가벼워지는 듯도 했다. 그런 한편으로 시험을 앞두고 굳이 여행을 가겠다는 남편과 딸을 속상한 듯한 표정으로 바라보던 엄마 얼굴이 떠올랐다. 엄마는 이 일을 언제쯤 알게 될까? 집에 가면 무지 혼나겠다는 생각이 드는 순간, 자윤은 휙 몸을 돌려서 희희낙락 휘파람을 불며 따라오고 있는 남윤을 노려보았다.

"왜 또 그래?"

"너 나중에, 너 때문에 갇힌 거라고 엄마한테 솔직히 말해."

"아, 그거? 알았어. 누나를 위해 이 한 몸 희생하지, 뭐."

남윤이 순순히 대답하니 자윤은 할 말이 없었다. 그사이에 남윤은 자윤을 지나쳐서 아빠에게 가더니, 꾸벅 고개를 숙였다.

"아빠, 그리고 부장님, 죄송합니다! 제가 실수를 했어요. 용서해 주세요."

그 모습을 본 자윤은 입이 쩍 벌어졌다.

'저럴 수가! 지금 저 녀석 머릿속에는 신나는 모험을 할 수 있다는 생각만 가득할 게 뻔한데. 모험을 위해서라면 얼마든지 굽히고 들어가겠다는 거군.'

아빠는 남윤을 혼내고, 머천트 부장은 떨떠름한 표정이 섞이긴 했지만 짐짓 쾌활한 태도로 괜찮다고 달래 주었다. 그때 윙하면서 무슨 소리가 들렸다. 돌아보니 누가 전기 스쿠터를 타고 호숫가를 따라서 오고 있었다.

그는 스쿠터를 멈추고 헬멧을 벗었다. 예상 밖으로 젊은 여성이었다.

머천트 부장이 인사를 했다.

"보탄 박사님, 아직 남아 계셨어요?"

"네, 습지 생물계에서 몇 가지 살펴볼 게 있어서요. 그런데 무슨 일이에요?"

"잠시 뒤에 다른 분들까지 다 모이면 그때 얘기하기로 하지요. 몇 명이나 모일지 모르겠지만요. 우선 인사부터 나누세요. 여기는 이상 박사님 가족들이에요."

자윤과 남윤은 꾸벅 인사를 했다. 보탄 박사는 식물학자였다. 자윤은 같은 여성을 만나서 반가웠다.

"견학 왔나 보구나. 나도 실험이 시작되기 전에 아이들을 한 번 데려올까 했지만, 우리 애들은 멀리 있어서."

"어디에 있는데요?"

자윤이 물었다.

"인도에. 너희는 한국에서 왔니?"

"여기 일을 하는 아빠를 따라왔어요. 일 년 기한으로 미국에서 공부하는 중이에요."

자윤이 대답했다. 그러자 남윤이 냉큼 끼어들었다.

"이번 기말 시험은 안 봐도 돼요."

"그래? 왜?"

그때 또 한 사람이 전기 스쿠터를 타고 왔다. 이곳에서는 전기 스쿠터가 이동 수단인 모양이었다. 모니터로 만난 적이 있는 토양학자 더스티 박사였다.

"안녕하세요. 긴급 상황이라고 하셨어요? 이산화탄소 문제인가요, 아니면 수질 문제인가요?"

"아니에요. 그냥 문이 잠겼을 뿐이에요."

남윤이 별일 아니라는 투로 말하자, 보탄 박사와 더스티 박사는 깜짝 놀랐다. 그들은 그제야 관리 사무소 문을 바라보았다.

보탄 박사가 떨어지지 않는 입을 억지로 여는 듯이, 힘겹게 말을 내뱉었다.

"설마, 혹시……."

그러자 머천트 부장이 고개를 끄덕였다.

"맞아요. 폐쇄됐어요. 작은 사고가 있었지요."

그 순간 보탄 박사와 더스티 박사는 어색한 태도로 땅을 내려다보고 있는 남윤을 힐끗 바라보았다.

"얼마나 갇혀 있어야 하지요? 나흘 뒤에 학회에서 발표할 일이 있는데……."

보탄 박사가 걱정스레 묻자, 더스티 박사가 퉁명스럽게 대꾸했다.

"지난번에 한 번 겪었잖아요. 참, 박사님은 그때 안 갇히셨죠? 그때는 문 여는 데 이틀 걸렸어요. 보안에 너무 신경을 쓴다니까."

이어진 머천트 부장의 말에 보탄 박사는 더 시무룩한 표정을 지었다.

"화성 거주를 염두에 두고 세운 시설이니까 그럴 수밖에요. 아무튼 이번에는 나가는 데 좀 더 오래 걸릴 것 같아요. 기술진

이 대부분 휴가를 떠났거든요. 실험을 시작하기 전에 좀 쉬고 오라고 한 거죠. 다른 사람들은 홍보 팀과 함께 전 세계를 돌아다니며 홍보하고 있고요. 당장 연락해도 모이려면 며칠은 걸릴 거예요."

"어쩌나……. 걱정이네."

그때 어눌한 말소리가 들렸다.

"무슨 일입니까? 나가려고 했는데 문이 안 열려요."

회색 작업복 차림의 키 작은 노인이 배낭을 메고 서 있었다. 작업복에 '맥 덱스트러'라고 적힌 명찰을 달고 있었다.

머천트 부장이 물었다.

"덱스트러 씨, 인부인가요? 인부들은 어제 다 철수했는데, 아직 남아 계셨어요?"

노인은 난감한 표정으로 말했다.

"아, 어제 나갈 때 놓고 간 게 있어서요. 후딱 갔다 올 생각에 그냥 들어왔어요. 출입자 카드를 어제 반납해서요."

머천트 부장이 며칠 동안 나가지 못할 거라고 하자, 노인은 당황스러워했다. 그들은 잠시 더 기다렸지만, 더는 아무도 나타나지 않았다.

이윽고 머천트 부장이 앞으로 나서서 상황을 설명했다.

"……그러니 며칠은 여기서 머물러야 해요."

"그냥 저 유리 하나 깨고 나가면 안 되나요?"

자윤은 시험을 못 보면 어쩌지 하는 마음에 물었다. 그러나 머천트 부장은 고개를 저었다.

"저건 그냥 유리가 아니고 3D 프린터(입력한 도면을 바탕으로 3차

원의 입체 물품을 만들어 내는 기계)로 특별히 제작한 거야. 트럭이 부딪혀도 깨지지 않을걸. 무엇보다 굉장히 비싼 거야. 제작하는 데 시간도 오래 걸리고. 물론 나사를 다 풀고 접착제도 떼어 내고 하면 되겠지만, 한 변의 길이가 5미터나 돼. 너무 커서 그 일을 하는 데 열흘은 더 걸릴걸?"

자윤은 너무나 속상했다. 이 일이 다 말썽꾸러기 동생 때문에 벌어졌다고 생각하니, 더욱 화가 났다.

그때 아빠가 슬쩍 말했다.

"동생 너무 구박하지 마. 저도 일이 이렇게 될 줄은 몰랐겠지. 지금은 누구를 탓하기보다는 앞으로 어떻게 지내야 할지를 생각해야 해."

"하지만 아빠, 쟤는 반성 같은 건 전혀 안 해요. 오히려 갇혔다고 좋아한다니까요."

"왜?"

"시험도 안 보고, 모험도 할 수 있다고요."

남윤이 자윤이 일러바치는 말을 듣고 눈을 흘겼다. 그런데 아빠는 오히려 남윤이 편을 들었다.

"흠, 위기에 처했을 때 긍정적인 태도를 갖는 것도 좋지. 시험은 엄마를 통해서 학교에 사정을 이야기하면 괜찮을 거야."

사람들이 묻는 질문에 대답하던 머천트 부장은 손을 내저어서 사람들의 입을 다물게 한 뒤에 말했다.

"자, 전원이 자동으로 차단됐기 때문에 여기서 왈가왈부해 봐야 아무 소용이 없어요. 휴대 전화도 불통이고요. 일단 주거 구역으로 가야 해요."

"거기에 가도 똑같지요. 그냥 하릴없이 먹고 자고 시간을 보내는 것뿐이잖습니까? 나는 비상식량도 좀 있으니까, 그냥 여기저기 돌아다니면서 토양 상태나 조사할게요. 어차피 무전기로 연락하면 되니까요."

더스티 박사는 그렇게 말하고는 전기 스쿠터를 타고 획 떠나버렸다. 사람들은 난감한 표정으로 멍하니 그의 뒷모습을 바라보았다.

"성격 한번 대단하시네!"

남윤이 눈을 동그랗게 뜨면서 놀랍다는 시늉을 하자, 머천트 부장은 떨떠름한 표정을 지으며 설명했다.

"흠, 원래 과학자 중에는 성격이 괴팍한 사람이 많지요. 뭐, 상관없겠지만. 다른 분들은 함께 가실 거죠?"

아무도 이의를 제기하지 않았다.

"그럼 출발할까요? 주거 구역까지 500미터밖에 안 되지만, 아이들은 스쿠터 뒤에 태울까요?"

그러자 자윤은 재빨리 말했다.

"아니에요. 그냥 걸어갈래요. 구경도 하면서요."

남윤이 뭐라고 하기 전에 자윤은 동생의 팔을 힘껏 꼬집으면서 속삭였다.

"넌 나랑 같이 가야 해. 또 말썽 피우면 가만 안 둘 거야. 난 이런 데 갇혀 있고 싶지 않다고."

출발할 때 머천트 부장이 말했다.

"덱스트러 씨가 나하고 먼저 가는 편이 좋겠네요. 통신 시설을 태양 전지판에 연결해야 하니까요. 외부와 통신하는 문제부터 해결합시다."

머천트 부장과 덱스트러 씨, 보탄 박사가 스쿠터를 타고 떠나자, 자윤이네 식구만 남았다.

"누나, 나한테 이럴 수 있어? 이런 데서는 상황 파악이 중요하다고. 상황을 먼저 파악하는 사람이 주도권을 쥐는 거라니까!"

"그래서 막았다, 왜! 널 보내면 또 무언가를 망가뜨릴 게 뻔하니까!"

아빠는 빙긋 웃으면서 둘을 말렸다.

"그만해라, 얘들아. 오랜만에 함께 놀러 오니까 남매 간의 정이 마구 쌓이는 것 같구나. 초등학생 때는 둘이서 그렇게 재미있게 놀곤 했는데 말이야."

"아니에요!"

자윤과 남윤은 동시에 소리쳤다. 그러다가 자윤은 문득 생각이 나서 아빠에게 물었다.

"숙소에 방이 몇 개예요?"

"가족까지 포함해서 이십여 명이 거주할 계획이니까, 적어도 스무 개는 있을 거야. 집으로 따지면 열 채는 넘을 거고. 우리 잘 곳은 충분하니까 걱정하지 않아도 돼."

"난 쟤랑 따로 지낼래요."

"흠, 그러면 남윤이를 감시하지 못할 텐데?"

아빠의 말에 자윤은 한숨을 내쉬었다. 하지만 주거 구역까지 호숫가를 따라 난 길을 걷다 보니, 자윤은 서서히 마음이 풀리는 것을 느꼈다. 시험 치르는 문제가 해결되고 남윤이 말썽만 부리지 않는다면, 여기서 며칠 지내는 것도 괜찮겠다 싶은 기분이 들었다.

"정말 넓어요. 면적이 얼마나 돼요?"

자윤이 묻자 남윤이 냉큼 대답했다.

"1천 헥타르, 즉 10제곱킬로미터야. 축구장 1400개가 들어가는 엄청난 규모지."

자윤이 믿을 수 없다는 표정을 짓자, 남윤은 으스대는 투로 말했다.

"그 정도 공부는 하고 왔어야지. 아무튼 바이오스피어 2 실험의 약 800배 규모라고 할 수 있어. 바이오스피어 2의 면적은 1.27헥타르에 불과했거든."

자윤이 입을 쩍 벌리려는 순간, 아빠가 남윤이 옆쪽을 보라고 가리켰다. 작은 팻말이 하나 있었다. 남윤이 교묘하게 몸으로 팻말을 가리면서 움직이고 있었던 것이다.

"헤헤, 이런 정보를 파악하는 것도 능력이야. 탐험을 하려면 주의력이 뛰어나야 하거든."

아빠가 설명했다.

"기자 회견을 위해 준비한 거야. 시설을 설명하는 팻말을 길을 따라 군데군데 설치해 놨지."

아빠 말대로 군데군데 팻말이 보였다. 자윤은 팻말에 짤막하게 적힌 글들을 읽으면서 걸었다. 2017년에 몇몇 과학자, 발명가, 벤처 기업가 등이 화성 이주 계획을 목표로 한 마스테라포밍이라는 재단을 세웠고, 사업 준비 단계로서 바이오스피어2를 확대한 격리 생태계를 조성하기로 계획을 세웠으며, 온갖 역경을 이겨 내고 사업을 추진한 끝에 2020년부터 이 시설을 짓기 시작했다는 등의 내용이 적혀 있었다.

"짓는 데 15년이나 걸렸네요?"

"바이오스피어2의 실패를 되풀이하지 않기 위해서야. 다 자란 동식물을 열대 우림이나 사막, 산호초에서 그대로 옮겨 와 조성하는 방식 대신에, 되도록이면 덜 자란 상태의 것을 옮겨왔지. 적응할 시간을 고려한 거야. 조성은 사실상 2년 전에 끝났어. 적응해서 자리를 잡을 때까지 기다린 거지."

"그러면 바이오스피어2에서 생긴 문제는 일어나지 않을까요? 대기 이산화탄소 농도 증가 말이에요."

"호, 잘 아는구나. 그때는 그 문제뿐 아니라 여러 가지 문제가 있었지. 하지만 이 시설은 아직까지 별 문제가 없어. 그러니까 실험을 시작하려는 거지. 실제로 폐쇄하면 문제가 생길지도 모르지만, 그래도 상관없어. 아니, 이런저런 문제가 생길수록 더 좋다고나 할까."

"왜요?"

"이 시설은 바이오스피어2와 목적이 달라. 바이오스피어2는 문제가 일어나지 않는다는 것을 전제로 한 자족적인 인공 생태계를 구축하려 한 거였지. 그렇지만 자연에는 본래 이런저런 문제가 생기잖아. 수온 증가로 산호초가 하얗게 색이 바래기도 하고, 산불로 숲이 다 타 버리기도 하지. 하지만 자연은 대개 스스로 복원할 수 있어. 이 시설에서 연구하려는 것은 바로 그 복원력이야. 문제가 일어났을 때 스스로 복원될 수 있는 인공 생태계를 조성하는 것이 목표지. 물론 인간의 활동이 이루어지는 상태에서 말야."

"실패 사례를 뒤집어 생각한 거네요."

아빠는 고개를 끄덕였다. 그러자 남윤이 신난다는 투로 자윤의 귀에 대고 속삭였다.

"흐흐흐, 그래서 내가 사고 쳤을 때 별로 혼내지 않은 거구나. 흠, 이곳 생활이 점점 더 흥미진진해지는걸."

자윤은 대체 남윤의 머릿속은 어떻게 되어 있기에 매사를 저렇게 제멋대로 해석하는 것인지 궁금해졌다.

'자기가 저지른 사고와 이 안의 인공 생태계가 대체 무슨 관계가 있다는 거지? 어떤 사고를 쳐도 괜찮은 생태계라고 생각하는 거야?'

다시 팻말이 하나 나왔다. 자윤은 읽어 보았다.

"사막 평지에 세운 바이오스피어 2와 달리, 이 시설은 산과 하천, 호수가 있는 자연 경관을 활용하고 있다."

"흠, 시제가 틀렸네."

"어디가?"

"누나, 내가 말했지? 책만 많이 읽는다고 다가 아니야. 실제로 써먹지 못하면 꽝이라고! 여기 네바다 사막에 콜로라도 강이 흐르고 라스베이거스가 번성하던 시기는 옛날이잖아. 지금은 물도 다 말라 버려서 진짜 사막밖에 없는데, 하천과 호수가 어디 있다는 거야?"

자윤은 남윤의 말에 발끈하려다가 아차 싶었다. 왠지 여기 온 뒤로는 동생인 남윤에게 계속 밀리는 느낌이었다. "책만 많이 읽는다고 다가 아니야."라는 말은 말다툼하다가 질 법하면 남윤이 으레 써먹는 말이었다. 다 알던 내용인데, 왜 전혀 떠오르지 않은 걸까? 남윤의 말썽부리는 행동에 너무 신경 쓰다 보니 모든 것이 엉망이 되는 기분이었다. '아빠는 왜 남윤이를 제대로 혼내지 않는 걸까?' 하는 생각도 들었다.

그때였다. 팻말 뒤쪽 덤불 속에서 부스럭거리는 소리가 들리더니, 커다란 무언가가 불쑥 튀어나왔다.

"꺄악!"

자윤은 비명을 지르며 털썩 주저앉았다. 남윤도 뒤로 넘어지면서 엉덩방아를 찧고 말았다. 뛰쳐나온 동물은 자윤의 비명을 듣고 뒤를 돌아보면서, 이빨을 드러내며 으르렁댔다. 크기가 자윤만 했다.

그때 아빠 목소리가 들렸다.

"얘들아, 움직이지 말고 가만있어. 얘가 놀라서 그런 거야. 가만히."

1초쯤 지났을까, 자윤을 노려보던 동물은 몸을 돌려서 다시 덤불 속으로 사라졌다. 잠시 뒤, 남윤이 일어나서 엉덩이를 툭툭 털며 떨리는 목소리로 물었다.

"아빠, 저거 늑대죠?"

아빠는 고개를 끄덕이면서 자윤을 일으켜 세웠다.

"그래, 여기엔 늑대도 있지. 생태계에는 최상위 포식자도 있어야 하니까."

자윤은 남윤과 마찬가지로 떨리는 목소리로 물었다.

"저런 동물이 더 있다고요? 커다란 포식자가요?"

"있지. 사바나에는 사자가 있고, 열대 우림에는 표범이 있어. 습지에는 악어도 있고."

자윤은 다시 이곳이 싫어졌다.

"괜찮아. 사람을 공격하는 일은 없어."

"거의 없겠지요. 어쩌다가 공격할 수도 있잖아요. 자기가 위험하다고 느끼면요."

"그렇긴 하지. 하지만 여기서 생활할 사람들은 기본 교육을 받고 들어올 거야. 위험한 동물들을 위협하지 않도록 말이야."

그러자 남윤이 실망했다는 투로 중얼거렸다.

"쯧, 사냥은 글렀네."

자윤은 놀란 가슴을 가라앉히려 애쓰면서 물었다.

"그렇지만 저렇게 갑자기 튀어나오면요?"

"글쎄다……. 그나저나 저건 아직 덜 자란 늑대인데, 왜 이쪽으로 왔지? 이쪽으로는 나오지 않는데 말이야."

"난 알아요. 카오스 이론에 따른 거예요. 숲 속에서 나비 한 마리가 날갯짓을 했는데, 그 때문에 거미줄에 걸릴 뻔하던 모기가 조금 옆으로 움직여서 거미줄을 피했고, 그 모기가 토끼를 물었고, 토끼가 가려워서 등을 긁다가 늑대에게 들켰고, 그 늑대가 토끼를 뒤쫓다가 실수로 길로 튀쳐나온 거예요."

어느새 다시 팔팔해진 남윤이 술술 주워섬겼다. 그때 늑대가 튀쳐나왔던 덤불 속에서 말소리가 들렸다.

"와, 똑똑하네."

자윤의 가슴이 다시 철렁 내려앉으려는 순간, 누가 덤불 속에서 걸어 나왔다. 사파리 자연 다큐멘터리에서 볼 수 있는 탐험가 복장을 그대로 빼입은 젊은 남자였다.

"네가 나 대신 강의해도 되겠다. 이상 박사님, 안녕하세요."

남자는 아빠와 반갑게 악수를 나누었다.

"클라우드 박사님이야. 기후학자지."

클라우드 박사는 감탄했다는 듯이 남윤을 바라보았다.

"아들을 언제 기후학자로 키우셨어요?"

남윤이 으쓱하자 클라우드 박사는 빙긋 웃으면서 말했다.

"하지만 비밀을 말해 주지. 저 늑대는 카오스 이론 때문에 튀어나온 게 아니고 원래 좀 이상한 녀석이야. 동물원에 있던 녀석을 데려와서 그런지, 아니면 인부들에게 몇 번 먹이를 얻어먹어서 그런지, 야생성을 잃은 것 같아. 인부들이 철수하고 없으니까 먹이를 찾아 나선 거지. 나는 녀석을 숲으로 다시 내쫓는 중이고."

"기후학자라면서요?"

자기 생각이 틀렸다고 하자 남윤이 토라진 말투로 물었다.

"기후학자는 늑대를 뒤쫓아 다니지 말라는 법 있니? 나는 동물학자이기도 하단다."

클라우드 박사는 장난기 어린 표정으로 남윤을 바라보았다.

"흠, 못 믿겠다는 눈빛인데? 좋아, 그러면 함께 다니며 확인해 볼래? 아 참, 견학 온 거여서 곧 돌아가야겠구나."

"아니에요. 여기 며칠 머무를 거예요! 문이 폐쇄됐거든요."

남윤은 갑자기 화색이 돌면서 소리쳤다. 자윤은 제 무덤을 제가 판다고 생각했다. 자기가 한 짓이 뭐가 자랑스럽다고 저렇게 떠들어 대는지 의아했다. 그런데 박사는 오히려 반색을 했다.

"그래? 나 같은 짓을 한 사람이 또 있나 보네? 헉! 방금 한 말은 비밀이다. 지난번에 내가 전원 스위치를 잘못 눌러서 그렇게 됐다는 사실을 아는 사람은 아무도 없거든. 완전 범죄였지!"

"우아, 박사님은 정말 저랑 잘 맞는 것 같아요! 이번에는 제가 그랬거든요! 완전 범죄는 아니었지만요."

남윤과 클라우드 박사는 오른팔을 높이 치켜들고 손뼉을 마주쳤다. 자윤은 그 모습을 보면서 허탈해했다. 아빠도 웃고는 있지만 좀 어처구니가 없다는 표정이었다.

"자, 그러면 가서 숙소를 정한 다음에 탐험 계획을 짜 보기로 할까?"

"좋아요!"

두 사람이 신이 나서 앞으로 가자, 아빠는 뒤에서 절레절레 고개를 흔들었다. 자윤은 이제야 아빠도 아들이 감당하기 어려운 말썽꾸러기라는 사실을 실감하는 모양이라고 짐작했다. 그러면서 아빠에게 눈빛으로 말했다.

'제발 좀 따끔하게 혼낼 일이지, 혼내는 시늉만 하고 오냐오냐 키우니까 더 저러는 거라고요.'

바이오스피어 2와 생태계 실험

밖에서 들어오는 햇빛을 제외하면, 지구는 필요한 것을 스스로 충족하는 생태계다. 생물이 살아가는 데 필요한 물질과 에너지의 생산·선달·교환·소비·분해가 거의 대부분 자체적으로 이루어진다.

지구와 비슷한 자족적인 생태계를 인간이 만들 수 있다면, 화성이나 다른 태양계에 새로운 정착지를 만들 수 있지 않을까? '바이오스피어2'가 바로 그런 인공 생태계였다. 바이오스피어(biosphere)는 생물권이라는 뜻이고, 생물권은 생물이 살아가는 공간을 말한다. 그러니까 바이오스피어2는 인간이 조성한 두 번째 생물권, 또는 인공 지구 생태계를 뜻한다.

1984년 바이오스피어2를 처음 구상한 사람들은 미국 애리조나 사막에 지구 생물권을 축소한 시설을 짓기로 했다. 그들은 2천억 원에 가까운 엄청난 비용을 들여서 1987년부터 1.25헥타르 면적의 땅에 강철과 유리로 온실처럼 보이는 거대한 구조물을 짓기 시작했다. 안에는 바다, 사막, 사바나, 우림, 습지라는 5가지 주요 생태계와 농경지, 인간 거주지를 조성했다. 그리고 3천여 종의 다양한 생물을 넣었다. 아마존 우림에서는 300종이 넘는 식물을, 카리브해에서는 산호초를 가져왔다. 그런 다음 공기와 물 등의 자원이 순환하면서 자족적인 생태계가 유지되도록 시설을 밀폐했다.

1991년 9월, 남녀 8명이 안으로 들어갔다. 2년 동안 자급자족하며 생활할 예정이었다. 저명한 과학자들의 자문도 받고 예비 실험까지 마쳤기 때문에, 그들은 생태계가 적절히 유지되리라고 예상했다. 그러나 예상은 빗나갔다.

문을 닫자마자 산소 농도가 빠르게 떨어지기 시작했다. 지구의 대기 산소 농도는 21퍼센트가 정상인데, 시간이 흐르자 15퍼센트 이하까지 떨어졌다. 반면 대기 이산화탄소 농도는 바깥보다 3~7배 더 높아졌다. 이산화탄소를 흡수하면서 산소를 생산하는 식물과 미생물보다 산소를 소비하면서 이산화탄소를 내뿜는 생물들이 훨씬 더 왕성하게 활동한다는 의미였다. 이로 인해 생물이 살기에 좋지 않은 환경으로 변하고 있었다.

알고 보니 토양 미생물이 원인이었다. 기름진 흙을 썼더니 토양 미생물이 유기물을 분해하면서 왕성하게 번식했고 그 결과, 이산화탄소가 마구 배출된 것이다. 결국 늘어난 이산화탄소 때문에 바다가 산성화하여 산호초가 녹기 시작했다. 게다가 수증기가 늘어서 유리가 탁해지는 바람에 햇빛이 줄어들어 식물도 제대로 자라지 못했다. 척추동물이 줄어들고 해충이 늘어났다. 작물 수확량이 줄어들자 사람들은 말라 갔다.

마침내 관리자들은 바깥에서 산소와 식량을 공급하고 조명까지 설치했다. 어쨌든 사람들은 기한인 2년을 채우고 나왔다. 서로 싸우기도 하고 산소 부족으로 고생하기도 했지만, 닫힌 공간에서 장기간 살아갈 수 있다는 것은 입증한 셈이었다.

그 뒤 관리자들은 2차 실험을 시도했지만 의견 차이가 심해져서 마침내 중단했다. 운영 회사도 파산했다. 현재 이 시설은 환경 교육과 지구 온난화 연구 등에 쓰이고 있다. 바이오스피어2 실험을 연구하면 생물권과 기후 변화에 관한 많은 것을 알 수 있다.

2
생존 준비

주거 구역은 아늑한 산자락에 자리하고 있었다. 나란히 죽 늘
어선 집들 앞으로 폭이 2미터쯤 되는 얕은 개울물이 흐르고 있
었고, 그 앞으로 호수가 한눈에 내려다보였다.

"개울물은 전기로 끌어 올려서 흘려보내는 거예요?"

자윤이 묻자 클라우드 박사가 대답했다.

"아니! 누구나 그렇게 생각하겠지만, 이곳 시설에서 전기로
가동되는 곳은 주거 구역뿐이야. 물론 시설 전체에 전기 설비가
설치돼 있긴 하지만, 실험을 시작하면 나머지 구역은 다 차단돼.
측정하고 관찰하는 장비에만 전기가 공급되지."

"전기는 어디에서 끌어오는데요?"

"태양 에너지에서 얻지. 돔 유리판 자체가 태양 전지판이기도
하거든. 여기서 문제 하나 내 볼까? 그렇다면 개울물은 어디에

서 나올까?"

남윤이 재빨리 소리쳤다.

"정답! 풍력을 이용해요. 풍력 발전기를 돌려서 호수의 물을 산꼭대기로 끌어 올리는 거예요."

"땡! 착상은 좋았어. 이 시설을 계획할 때 그런 방안도 나오긴 했지."

"으, 그렇게 좋은 착상을 왜 안 썼나요?"

남윤이 아쉽다는 투로 물었다.

"첫째 이유는 풍력 발전기가 지구의 자연환경을 고스란히 모사한다는 원칙과 과연 맞느냐 하는 논란이 있었기 때문이야. 또 하나의 지구라고 홍보했는데, 산꼭대기에서 풍력 발전기가 돌고 있으면 좀 그렇다는 거였지. 둘째 이유는 과연 바람이 그만큼 세게 불까 하는 거였어."

"아, 맞아. 여기는 돔 안이었지."

자윤과 남윤은 동시에 고개를 끄덕였다.

"이 안이 아주 넓긴 해. 그리고 각 구역의 온도와 습도가 차이 나게끔 설계돼서 바람이 어느 정도 불지. 하지만 호수보다 150 미터쯤 높은 산꼭대기까지 물을 끌어 올릴 만큼 바람이 세지는 않으리라고 추정했어."

"그러면 어떤 방법을 썼는데요?"

남윤이 묻자, 클라우드 박사는 의기양양하게 웃었다.

"바로 그 부분에서 내가 엄청난 기여를 했단다. 어느 누구도 못할 대단한 일이라고나 할까. 나는 각 구역의 배치와 지형, 돔 의 형태 등을 바꾸면서 이런저런 모의실험을 했어. 너희도 공부를 했으니 좀 알겠지만, 기상 현상은 엄청나게 복잡해. 그래서 복잡계라고 하지. 슈퍼컴퓨터를 써야 할 정도로.”

“그런데도 일기 예보가 종종 틀리고요.”

자윤이 지적하자, 클라우드 박사는 엄지와 검지로 동그라미를 만들었다.

“그렇지. 나비 효과라는 말이 그래서 나온 거고. 나비가 날갯짓을 한 번 더 하는 식으로 초기 조건에 조금만 변화가 일어나도 날씨가 엄청나게 달라질 수 있으니까 말이야. 그렇지만 한 지역의 기상 변화를 예측하는 공식 자체는 아주 단순해. 바람의 방향과 속도, 기온, 습도, 지형처럼 몇 가지 요인을 조합한 공식이지. 문제는 자연에서는 그런 요인들이 서로 영향을 주고받으면서 시시각각 변한다는 거야. 그래서 바람의 방향이 조금 바뀌었을 때, 기온과 습도는 어떻게 달라질 것이고, 지형은 어떤 영향을 끼칠 것이고, 그 요인들은 바람의 방향에 거꾸로 어떤 되먹임을 할지 등등을 계산하기가 어렵다는…….”

열변을 토하던 클라우드 박사는 자윤과 남윤의 표정을 보고서 말을 멈추었다.

“흠, 너희 표정을 보니 내가 너무 어려운 이야기를 한 것 같구나. 아니라고? 아, 다 아는 얘기니까 굳이 안 해도 된다는 거구나. 정말 똑똑한 애들인걸! 이상 박사님, 어떻게 하면 이렇게 잘 키울 수 있나요?”

클라우드 박사는 자윤과 남윤이 뭐라고 대꾸할 시간도 주지 않고, 혼자서 북 치고 장구 치고 하더니 다시 말을 이어 갔다.

“다행히 이 돔 안에서는 지형이 변하지 않는단다. 바람의 방향과 속도도 크게 변하지 않고 24시간 주기를 보이지. 기온도 마찬가지고 말야. 따라서 공식을 계산하기가 훨씬 쉬워. 아, 물론 내 기준에서 쉽다는 거지. 나처럼 천재적인 수학적 재능이 있는 사람한테나……. 아, 이 말은 못 들은 것으로 해라."

자윤은 결국 참지 못하고 한마디 했다.

"그래서 결론이 뭐예요?"

클라우드 박사는 눈을 동그랗게 뜨고, 고개를 옆으로 기울이면서 자윤을 살펴보는 척했다.

"흠, 자신만만한 눈빛을 보니 명민함이 엿보이는군. 자세한 설명 없이 서론과 결론만 이야기하면, 나머지는 알아서 추론하겠다는 거지? 좋았어. 너도 나랑 같은 부류구나. 우리 같은 명석한 사람은 대개 그런 추론 방식을 좋아하지."

마구 쏟아져 나오는 클라우드 박사의 말에 자윤은 웃어야 할지 인상을 써야 할지 도무지 갈피를 잡을 수가 없었다. 옆에서 남윤이 키득키득 웃었다.

"좋아, 결론으로 넘어가자. 나는 이 돔 안에 있는 공기가 저 산꼭대기를 중심으로 순환되도록 모형을 구축했어. 호수와 바다의 수면에서 올라온 수증기는 대기의 흐름을 따라 산꼭대기로 가. 돔의 높이가 낮아서 비구름이 생기기는 어려우니까, 산꼭대기 위의 돔 표면에 수증기가 부딪혀서 물방울이 생기게끔 했어. 그 물방울들은 비처럼 내려서 산꼭대기에 있는 작은 호수로 흘러들어. 그 호수가 바로 이 개울의 수원이야. 어때, 놀랍지?"

"굉장해요!"

"우림은요?"

남윤과 자윤의 입에서 동시에 전혀 다른 말이 튀어나왔다. 클라우드 박사는 눈을 껌벅이는 장난스러운 표정을 지으면서 남윤과 자윤을 번갈아 바라보았다.

자윤은 부연 설명을 했다.

"우림은 습도가 높게 유지돼야 하잖아요. 수증기가 딴 데로 흘러가면 비가 안 내릴 테고, 그러면 우림이라고 할 수 없지 않나요?"

"딩동댕! 정말 놀라워, 그 순간에 그걸 떠올리다니! 이상 박사님, 이 아이를 내 제자로 주면 안 될까요? 너무 똑똑해요!"

클라우드 박사가 호들갑을 떨자, 남윤이 샐쭉한 표정을 지으며 말했다.

"너무 욕심이 많으시네요. 원래 수제자는 한 명이 좋다고요. 안 그러면 싸워요."

클라우드 박사는 남윤의 머리를 쓰다듬으면서 말했다.

"그래? 고민 좀 해야겠는걸? 아무튼 네 누나가 제기한 의문은 옳아. 그래서 우림을 여기에 배치했지. 이 산 뒤편이 바로 우림이야. 이쪽은 온대림이고."

자윤은 하늘을 올려다보았다. 돔이 아주 높이 설치되어 있는지 잘 보이지도 않았다.

클라우드 박사가 설명했다.

"잘 안 보일 거야. 투명 망토 기술(빛의 굴절 원리를 이용해 가려진 뒤쪽이 보이게 만드는 기술)을 응용해서 유리 테두리 대신 뒤쪽 하늘이 보이게 했거든. 갇혀 있다는 생각이 들지 않도록 말이야. 사실 이런 곳에서 살 때 문제를 일으킬 가능성이 높은 요인은 식량 부족이 아니야. 인간의 심리지. 인간은 갇혀 있다고 생각하면 점점 스트레스를 받거든. 초조해하고 폭력적인 성향을 드러내기도 하지."

"바이오스피어2의 자료를 보면 그 말이 맞는 것 같아요. 나중에는 별것 아닌 일에도 흥분해서 서로 티격태격했잖아요."

자윤이 말하자, 클라우드 박사는 놀랍다는 표정으로 보았다.

"흠, 너희를 보니 독신으로 살겠다는 내 신조가 흔들리는구나. 이상 박사님, 나중에 이렇게 똑똑한 자녀를 낳는 법 좀 가르쳐 주세요."

아빠가 흐뭇한 웃음을 머금었다. 어느덧 일행 앞으로 개울에 놓인 통나무 다리가 나타났다. 건너편에는 집들이 보였다.

"저기가 거주 구역 관리소야. 아마 저기 모여 있을 거야."

일행이 다리를 건널 때 남윤이 소리쳤다.

"어? 저기 오리너구리가 있어!"

개울을 내려다본 자윤이 남윤의 머리를 쥐어박았다.

"오리너구리가 아니라 비버야. 여기에다 댐을 만들려고 하나 봐."

그러자 클라우드 박사가 고개를 끄덕였다.

"맞아. 그런데 저 녀석이 자리를 좀 잘못 잡았어. 좀 넓은 곳을 골라야 하는데."

"와, 나무를 갉으려나 봐요!"

남윤이 다시 소리쳤다.

"비버는 습지 생태계를 만들고 유지하는 데 아주 중요한 역할을 해. 이빨로 쏠아서 쓰러뜨린 나무를 쌓아 댐을 만들거든. 그러면 그 물에 많은 생물들이 살 수 있게 돼. 공기도 습해지고, 주변의 숲도 새로운 나무들이 계속 자라면서 활기를 띠지. 그러니까 습지 생태계에 사는 동식물들은 모두 비버에게 의존해서 살아간다고 할 수 있어. 비버가 사라지면 물이 다 빠지고 흘러가는 개울만 남을 거야. 다른 지역의 숲과 똑같아지는 거지."

"흐흐, 나하고 누나의 관계 같네요."

자윤이 미처 주먹을 들기도 전에 남윤은 앞으로 달려갔다.

일행은 한가운데에 자리한 이층 건물로 향했다. 안으로 들어가니, 왼쪽에 거실처럼 꾸며 놓은 방에 사람들이 모여 있었다. 머천트 부장이 벽난로 앞에 서 있었고, 다른 사람들은 널찍한 소파에 앉아 있었다.

그런데 분위기가 좀 이상했다. 사람들 표정이 몹시 심각했다.

아빠가 사람들을 둘러보면서 물었다.

"무슨 일이죠? 통신에 문제가 생겼습니까?"

그러자 보탄 박사가 한숨을 내쉬었다.

"통신은 됐는데, 통신 내용이 문제예요."

머천트 부장이 말을 막고 나섰다.

"한 분이 더 늘어났군요. 안녕하세요, 클라우드 박사님. 자, 다른 분들이 오셨으니 다시 한 번 설명드리겠습니다. 재단과 통화해서 상황을 말했더니, 몹시 곤란한 일이 벌어졌다고 하더군요. 원래 실험을 열흘 뒤에 시작하기로 했죠. 그런데 폐쇄된 문을 여는 데 걸리는 시간과 설비를 다시 점검할 시간을 고려하면, 일정대로 실험을 하기가 불가능하다는 거예요."

머천트 부장은 잠시 말을 멈추고 난처한 기색을 보였다.

"뜸 들이지 말고 솔직하게 털어놓으세요."

보탄 박사가 재촉했다.

"일단은 이사회에서 논의한다고 합니다만……. 재단에서는 이왕 이렇게 됐으니, 그냥 조금 일찍 실험을 시작했다고 발표하는 게 어떻겠냐고 제안했어요. 물론 여러분의 동의를 얻어야 하겠지만요."

"뭐라고요?"

자윤은 저도 모르게 소리쳤다가, 재빨리 손으로 입을 가렸다. 슬쩍 쳐다보니, 아빠는 얼굴을 조금 찌푸렸을 뿐이고 클라우드 박사는 그러든 말든 상관없다는 태도였다. 남윤은 신난다는 표정을 억누르려고 애쓰는 기색이 역력했다. 자윤 말고는 사람들이 별 충격을 받지 않은 듯하자, 머천트 부장도 표정을 좀 풀었다.

"마침 세계 순회 홍보 중이라서 더욱 그렇다는 거죠. 홍보 일정이 다 나와 있는데 중간에 취소한다면 뭔가 큰 문제가 생겼다는 인상을 심어 줄 수 있어요. 그래서 재단에서는 그냥 실험을 시작했다고 말하자는 거예요. 인원이며 구성이 원래 계획과 맞지 않으니까, 예비 실험이라는 명칭을 붙여서요."

"그러면 얼마나 여기 있으라는 거예요?"

보탄 박사가 자윤이 묻고 싶은 질문을 대신했다.

"바로 그 문제를 이사회에서 논의할 예정이라고 합니다. 긴급한 상황이라 화상 회의를 열기로 했으니, 아마 지금 하고 있을 겁니다. 제 판단에는 긴 기간은 아닐 듯합니다만……."

그때 전화벨이 울렸다. 머천트 부장은 벽에 걸린 모니터에 영상을 띄웠다. 금발의 중년 여성이 화면에 모습을 드러냈다.

"안녕하세요, 마스테라포밍의 이사장 이카로스입니다. 먼저 이런 유감스러운 일이 일어나서 죄송하다는 말씀을 드립니다. 머천트 부장을 통해 대강 어떤 상황인지 들었을 테니 자세한 이야기는 생략하기로 하고, 먼저 이사회의 결정 사항만 말씀드리겠습니다. 이사회에서는 이왕 일이 이렇게 됐으니, 예비 실험이라 하고 실험을 시작하는 편이 낫겠다는 쪽으로 의견이 기울었습니다. 물론 여러분이 찬성한다는 것을 전제로 한 의견입니다. 여러분의 동의가 없다면 감금이나 마찬가지일 테니까요."

"얼마나 있어야 하나요?"

자윤이 참지 못하고 물었다. 이카로스 이사장은 책상에 놓인 자료를 훑어보았다.

"기간 이야기는 먼저 여러분의 동의를 얻은 뒤에 하려고 했습니다만, 질문이 나왔으니 말씀드리겠습니다. 예비 실험이고 갑작스럽게 시작된 셈이라, 이사회에서는 너무 길지 않게 하는 편이 좋겠다고 판단했습니다. 원래 실험 일정은 바이오스피어2에서 설정한 것과 같은 2년이었습니다만, 뜻하지 않게 갇힌 셈인 여러분께 2년 동안 머물라고 한다면 지나친 희생을 강요하는 셈이겠지요. 더구나 학생도 있으니까요."

자윤은 어른들은 왜 이렇게 이야기를 질질 끄는지 모르겠다고 생각했다. 그냥 결론만 이야기하면 될 텐데 말이다. 자윤은 점점 더 초조해졌다. 머릿속에 온갖 생각이 떠올랐다.

'이게 뭐람! 내가 괜히 견학하겠다고 우겨서 이 꼴이 된 거 아닐까? 아니야, 저 녀석이 괜히 말썽만 일으키지 않았다면 재미있게 견학하고 나갔을 텐데. 아니, 지금 아빠가 우린 당장 나가

겠다고 말하면 일이 다 해결되잖아.'

"나는 이런 희생쯤이야 얼마든지 견딜 거야."

옆에서 남윤이 신난다는 표정을 억지로 감추려 하면서 소곤거렸다. 자윤은 속으로 쯧쯧 혀를 찼다.

'장래 계획 따위는 눈곱만큼도 안 하는 녀석 같으니. 그러니 엄마가 널 보면 속이 터진다고 말하지.'

초조한 자윤의 머릿속에는 친구들 얼굴도 떠올랐다.

'내가 여기에 갇혀 있는 동안 걔들은 학년이 올라갈 텐데. 그러면 같이 지내지 못할 테고, 2년이나 뒤처질 수도 있잖아.'

자윤은 앞으로의 학교생활이며 장래 계획도 엉망이 될 것 같은 느낌이 들었다. 사실 그런 것들을 깊이 생각해 본 적은 없지만, 이런 위기 상황에 놓이니 왠지 그런 것들이 매우 중요하게 와 닿는 듯했다.

"이사회는 여러 가지 상황을 고려할 때, 3개월이 적절하다고 보았습니다. 물론 여러분의 향후 일정도 조사해서 내린 결정입니다. 학회, 강의, 학업 등등을 살펴보았을 때, 그 정도면 여러분이 큰 무리 없이 평소 생활로 돌아갈 수 있을 듯해서요. 일단 여러분의 생각을 듣고 싶습니다. 물론 강요하는 것은 아닙니다. 어떤 선택을 하셔도 존중하겠습니다. 다만, 이 시설을 조성하기까지 오랜 기간과 엄청난 예산이 들었고, 여러분 자신도 이 실험을 위해 많은 노력과 시간을 투자했다는 점을 고려해 주시기를 부탁드립니다. 자칫하면 그 노력과 시간이 부당한 억측과 비판에 묻힐 가능성이 있기 때문에 말씀드리는 겁니다."

이카로스 이사장의 말이 끝나자마자 남윤이 소리쳤다.

"난 좋아요."

자윤이 옆구리를 찌르자, 남윤은 '왜 그래? 말리지 마!' 하는 표정으로 바라보았다.

이어서 클라우드 박사가 흔쾌히 말했다.

"저도 괜찮습니다. 뭐, 격리 실험에도 자원했으니까, 2년이 3개월 더 늘어날 뿐이거든요."

머천트 부장은 보탄 박사를 바라보았다. 보탄 박사는 여전히 언짢은 표정이었지만, 한숨을 내쉬면서 말했다.

"할 수 없지요. 저도 지금까지의 노력에 재를 뿌리고 싶지는 않습니다. 다만, 기간을 더 늘리지 않을 것이라는 점은 확실하게 보장받아야겠어요."

이카로스 이사장은 고개를 끄덕였다.

"어려운 결정을 해 주셔서 고맙습니다. 기간은 더 늘린다는 것 자체가 불가능하겠지만, 문서로 보장해 드리겠습니다."

보탄 박사가 고개를 끄덕이자, 이카로스 이사장은 자윤의 아빠를 돌아보았다. 아빠는 헛기침을 한 번 했다.

"우리 아들은 벌써 결정했으니까 놔두고, 잠시 딸과 의견을 나누어도 될까요?"

이카로스 이사장은 고개를 끄덕였다. 아빠는 자윤을 돌아보았다. 자윤이 고개를 저으려 할 때 아빠가 말했다.

"네가 어떤 마음인지는 안다. 하지만 아빠는 이번 일이 네게 좋은 경험이 될 거라고 생각해."

"하지만 아빠, 난 바깥에서 이것저것 할 일이 많아요. 공부할 것도 있고, 친구들과 할 일도 있다고요."

"하려던 일을 못하게 됐다는 생각이 들면, 그 일이 더 중요하게 느껴질 수 있어. 그렇지만 기회비용이라는 걸 생각해야 해. 네가 어떤 일을 선택했을 때 다른 일에서 얻을 수 있는 가치를 얼마나 포기하는 것인지 냉정하게 따져 봐야 하는 거야. 이제 곧 방학이라는 점을 생각해 봐. 네가 3개월 동안 공부하고 친구들과 어울리면서 할 일들은 사실 늘 하던 거야. 3개월 동안 안 해도 별 손해는 안 보는 거지. 하지만 여기서 생활해 볼 기회는 다시 오지 않아. 평생 접해 보지 못할, 이루 가치를 따질 수 없는 소중한 경험을 할 수도 있어. 늘상 하던 생활을 계속하기 위해 이 기회를 포기한다는 것은 안 좋은 선택이라고 생각해. 초조한 감정을 버리고 객관적으로 판단해 보거라."

자윤은 아빠가 자기편을 안 들고 남윤 편을 든다는 생각에 처음에는 좀 서운했지만, 아빠 말을 듣고 나니 그 말이 맞는 것 같기도 했다. 솔직히 밖에 나가서 하는 일은 늘 같기 때문에 초조해할 필요는 없었다.

"누나, 나중에 친구들한테 자랑할 일을 생각해 보라고. 다들 누나 이야기를 듣고 싶어서 난리일 거야."

남윤이 은근히 꾀었다. 자윤은 좀 더 시간을 두고 생각해 보고 싶었지만, 이사장을 비롯해 대답을 기다리고 있는 사람들을 보니 그럴 수가 없었다. 마침내 자윤은 고개를 끄덕이고 말았다.

"그러면 우리 가족도 동의하기로 하겠습니다."

"힘든 결정을 내려 주셔서 정말 고맙습니다. 한 분 더 계신 것으로 아는데……, 어디 계시지요?"

이카로스 이사장이 묻자, 머천트 부장이 대답했다.

"더스티 박사님인데, 현장을 둘러보러 갔습니다. 더스티 박사님도 실험에 참가하겠다고 신청했으니까, 동의하는 것으로 봐도 별 문제는 없을 것 같습니다."

이카로스 이사장은 서류를 들춰 보면서 집게손가락으로 책상을 톡톡 두드렸다. 이사장은 입술을 깨물면서 고민하는 표정을 짓다가 이윽고 말했다.

"더스티 박사님의 동의를 받는 문제는 부장이 책임지는 수밖에 없겠네요. 자, 예기치 않은 상황에서 어려운 결정을 내려 주신 여러분께 다시 한 번 감사 드립니다. 세부 사항은 여러분의 결정을 이사회에 전달한 뒤에 다시 말씀 드리겠습니다."

이카로스 이사장이 통화를 끝내자, 머천트 부장이 말했다.

"자, 필요한 문제부터 하나씩 정리하는 편이 좋겠지요. 먼저 숙소 문제입니다. 원하는 아무 집이나 택해도 되겠지만, 아무래도 시설 조성 때 각자 머무르던 집이 더 편하겠지요."

어른들이 고개를 끄덕였다.

"그러면 각자 집으로 가서 짐 정리도 좀 하고, 숙소 점검을 하기로 하지요. 물론 짐이랄 것도 없겠지만요. 필요한 물건이 있으면 적어서 제게 알려 주시고요. 텍스트러 씨는 저를 도와야 할 테니 저와 같은 집을 쓰도록 하시지요. 일단 거주에 필요한 사항을 검토할 시간이 필요하니까, 20분 뒤에 여기서 다시 모이죠. 그리고 통신이 연결됐으니 바깥과 통화할 분들은 하시고요. 다만, 이 예비 실험을 어떻게 할지 이사회에서 논의되지 않았으니까, 자세한 이야기는 아직 삼가 주세요. 기자나 언론과의 접촉도 피하시고요. 그저 당분간 못 나갈 사정이 생겼다는 식으로 이야기하는 편이 좋겠습니다. 공식적인 업무와 관련된 사항은 제게 말씀해 주세요. 재단과 사업단 명의로 처리할 테니까요."

사람들이 고개를 끄덕이고는 밖으로 나갔다. 자윤도 밖으로 나가면서 아빠에게 말했다.

"나, 먼저 엄마랑 통화하고 싶어요."

아빠가 고개를 끄덕이자, 자윤은 조금 떨어진 곳으로 가서 전화를 걸었다.

"여보세요, 자윤이니?"

"응, 엄마."

엄마 목소리를 들으니 자윤은 괜히 눈물이 났다. 그런데 울먹이는 목소리로 말을 꺼내려는 순간, 엄마의 기뻐하는 목소리가 들렸다.

"얘, 너 거기서 석 달 동안 지내기로 했다며? 재단에서 전화 왔어. 와, 정말 잘됐다, 얘. 네 나이에 그런 경험을 하기가 어디 쉽니? 재미있게 지내고 많이 배우고 오렴. 남윤이랑 싸우지 말고, 잘 보살펴 주고. 너는 괜찮은데, 네 동생은 도무지 마음이 놓이지를 않아. 괜히 말썽부리지 않게 잘 살피고."

"엄마!"

자윤은 화가 나서 소리를 질렀다. 엄마한테까지 배신당한 듯한 기분이 들었다. 그런 한편으로 내가 정말 괜히 걱정하는 것은 아닐까 하는 생각도 언뜻 들었다. 가족들도 다 좋은 기회라고 말하는데 말이다.

"왜? 잘 안 들리니? 엄마는 걱정 마. 너희 없는 동안 친구들이랑 여행이나 해야겠다. 학교에는 재단에서 잘 말해 주겠대. 그러니 걱정 말고, 제발 남윤이 좀 쫓겨나지 않게 잘 지켜보렴."

자윤은 갑자기 남윤이 저지른 일을 이르고 싶어졌다. 그래서 아직 울음이 가시지 않은 목소리로 말했다.

"엄마, 남윤이가요……."

"뭐? 벌써 싸웠어? 어휴, 내가 이 녀석을!"

"아니, 별일 아니에요."

자윤은 엄마와 이런저런 수다를 떨다가 옆에 온 남윤에게 전화기를 넘겼다. 처음에는 엄마에게 서운한 마음이 들었지만, 그래도 엄마와 이야기를 나누고 나니 한결 기분이 좋아졌다. 게다가 남윤이 엄마한테 혼나는 소리를 들으니까 아주 고소했다.

"어휴, 안 싸웠다니까요. 엄마, 혹시 누나가 고자질한 거 아니죠? 아, 모르면 됐어요. 알았다니까요. 누나 잘 모실게요. 그럼 안녕히 계세요. 아빠랑은 알아서 통화하세요."

남윤은 전화기를 건네면서 말했다.

"흥, 안 이르다니 그래도 양심은 있네. 누나는 이제 내 전담 찍사 역할만 잘하면 되겠어."

자윤이 주먹을 들어 올리자, 남윤은 아빠가 가고 있는 집으로 달려갔다. 지붕을 빨갛게 칠한 집이었다.

"자, 필요한 비품 목록은 받았습니다. 수건, 칫솔, 속옷 같은 용품들은 덱스트러 씨가 나중에 전해 드릴 겁니다. 이제 어떻게 살아가느냐 하는 문제를 논의할 차례인데요."

자윤은 모인 사람들을 둘러보았다. 더스티 박사는 여전히 보이지 않았다.

이번에도 자윤의 마음을 읽은 것처럼 보탄 박사가 물었다.

"더스티 박사님은요?"

머천트 부장은 곤혹스러운 표정을 지었다.

"간신히 통화를 했어요. 자신은 석 달 동안 여기저기 돌아다니면서 주로 혼자 지낼 테니까 없는 셈 치라고 하네요. 식량도 알아서 조달하겠다 했어요. 뭐, 급한 일이 생기면 무전기로 연락하기로 했으니까, 일단은 우리끼리 의견을 조율해도 될 것 같습니다."

"성격 한번 정말 괴팍해요. 그럼 그분은 그냥 놔두고, 우리끼리 할 일을 정하지요."

클라우드 박사가 말하자, 남윤이 옆에서 자윤에게 속삭였다.

"와, 클라우드 박사님은 정말 나랑 딱 맞아. 나도 더스티 박사님을 보고서 똑같이 말했거든."

자윤은 조용히 하라고 남윤의 옆구리를 꼬집었다.

"먼저 가장 중요한 식량 문제인데, 걱정할 일은 없어 보입니다. 직원들이 남긴 식량들을 조사해 보니 보름은 충분히 먹을 수 있어요. 게다가 이곳의 논과 밭에 심은 작물들은 열흘쯤 뒤부터 차례로 수확할 수 있도록 계획했기 때문에, 그 뒤로도 식량 공급에는 아무 문제가 없을 겁니다."

"뭘 키우는데요?"

남윤이 묻자, 머천트 부장은 화면에 해당 영상을 띄웠다. 바둑판무늬를 이룬 밭들이 죽 펼쳐져 있었다. 부장이 화면 한 군데를 손으로 누르자, 그 지역이 확대되면서 초록색 열매가 보였다.

"여기는 파프리카밭입니다. 또 여기는 호박밭이고요. 약 스무 가지 채소가 자라고 있어요."

"문제는 우리가 저 작물들을 과연 관리할 수 있느냐겠군요."

아빠가 말하자, 머천트 부장은 고개를 끄덕였다.

"맞습니다. 이 논밭의 규모는 이십여 명이 거주한다는 것을 전제로 했어요. 우리 인원으로는 이 작물들을 다 보살피고 수확할 여력이 안 되죠. 손이 덜 가도록 병충해에 강한 품종을 골라 심긴 했지만, 잡초도 뽑고 때맞추어 거둬들여야 해요. 사실 모두가 달려들어도 힘들 겁니다. 어쩔 수 없이 어느 정도는 방치해야 할 거예요."

머천트 부장은 화면을 옮겼다.

"여기는 곡물이 자라는 곳입니다. 벼를 재배하는 논과 밀을 재배하는 밭이 보이죠? 뒤쪽에 웃자란 식물은 옥수수입니다. 원래 실험에서는 때가 되면 추수를 하고 말려서 종자를 보관했다가 이듬해에 씨를 뿌리는 일도 해야 합니다만, 우리는 3개월만 살기로 했으니까 그 과정은 제외해야겠지요. 우리가 먹을 만큼 수확하기로 하지요."

"어? 저거 해충 아니에요? 뭐가 꾸물꾸물하고 있어요!"

남윤이 화면의 옥수수밭을 가리키면서 소리쳤다. 그러자 머천트 부장은 빙긋 웃으면서 화면을 확대했다.

"왕거미잖아요!"

남윤이 방정맞게 다시 소리칠 때, 자윤은 자세히 들여다봤다.

"아니야. 거미 로봇이야!"

"그래, 거미 로봇이란다. 모두 농사만 짓고 살 수는 없으니까, 가능한 한 손을 덜기 위해서 로봇을 쓰고 있지. 잘 보면 크기가 여러 가지야. 아주 작은 거미 로봇들은 해충 잡는 일을 해. 진드기를 잡아먹는 무당벌레 같은 천적도 쓰긴 하지만, 이런 고립된 환경에서는 천적에만 기댈 수 없거든. 천적이 병들면 해충이 왕창 불어날 테니까. 중간쯤 되는 녀석들은 방울토마토나 딸기 같은 작은 열매를 따지. 그리고 파프리카나 사과 같은 커다란 열매를 따는 녀석도 있고, 열매를 받아서 바구니로 옮기는 녀석도 있어.”

“그러면 농사짓기가 쉽겠네요?”

자윤이 물었다.

“그렇지도 않아. 로봇이 아무리 많아도 사람의 손이 가야 하는 일이 많거든. 토마토와 고추 줄기도 묶어야지, 늘어진 가지 받쳐 줘야지, 병든 가지 잘라 내야지, 비료도 줘야지.”

“상추 따는 로봇은 없어요?”

남윤이 묻자, 아빠가 대답했다.

“아빠가 여러 과학자들과 그 연구를 했어. 나뭇잎을 잘라 내서 집으로 운반하는 잎꾼개미의 행동을 모사하려고 했지. 로봇들이 알아서 채소를 딸 수 있도록 말이야. 그런데 고려해야 할 변수가 너무 많아서, 아직까지 쓸 만한 로봇을 개발하지 못했어.”

“화성 시설이 완공될 때까지는 개발될 거야. 네 아빠는 뛰어난 과학자니까.”

머천트 부장이 말하자, 아빠는 빙긋 웃었다.

“그런데 새들이 진짜 거미인 줄 알고 잡아먹으면 어떡해요?”

자윤이 묻자, 클라우드 박사가 하하 웃으면서 말했다.

“와, 우리가 검토했던 사항들이 다 나오네. 이상 박사님, 자윤이를 자문단에 넣을걸 그랬어요!”

아빠는 흐뭇한 표정으로 설명했다.

"그래서 몇 가지 조치를 취했어. 화면에는 잘 보이지 않지만, 가까이에서 보면 거미 로봇들은 노란색, 파란색, 빨간색 줄무늬 같은 선명한 색을 띠고 있어. 경고색이지. 또 새 같은 포식자가 다가오면 서로 모이게 되어 있어. 그러면 뱀의 얼굴 모양이 나타나지. 게다가 포식자가 싫어하는 초음파를 낼 수도 있단다."

"와, 완벽하게 방어하겠네요."

남윤이 감탄할 때, 자윤의 머릿속에는 노란색과 빨간색 줄무늬가 있는 커다란 거미들이 우글거리면서 작물을 온통 뒤덮고 있는 광경이 저절로 떠올랐다. 온몸에 오싹 소름이 돋았다. 하필이면 왜 거미람.

"으, 징그러워."

자윤은 저도 모르게 중얼거렸다가, 사람들이 웃는 소리에 얼굴을 붉히면서 말했다.

"다른 모양으로 만들어도 되잖아요?"

"그렇긴 하지만 거미는 다리가 많잖아. 그래서 장점이 많아. 해충을 한꺼번에 여러 마리 잡을 수도 있고, 다리 한두 개가 망가져도 얼마든지 움직일 수 있지."

아빠가 설명하자, 클라우드 박사가 끼어들었다.

"장난기도 좀 발동했잖아요? 거미를 보면 해충이 겁에 질려서 다가오지 않을 거라고요."

"뭐, 그런 생각도 하긴 했지요. 그게 얼마나 효과가 있는지 분석해 보지는 않았지만요."

클라우드 박사는 마치 비밀을 이야기하는 양, 목소리를 낮추었다.

"사실 개발자들이 재미로 만든 별난 로봇도 섞여 있어. 자세히 보면 다리 열 개짜리도 있어. 나중에 한번 찾아봐라."

남윤이 재빨리 주머니에서 수첩을 꺼내 적으면서 물었다.

"몇 마리나 돼요?"

"글쎄다. 수천 마리는 되지 않을까? 정확히는 몰라. 수요에 맞춰 자가 복제를 해서 수가 늘어나게 되어 있거든."

"어, 그거 리플리게이터 아녜요?"

남윤이 놀라면서 묻자, 사람들은 무슨 말이냐는 표정을 지었다. 남윤이 설명했다.

"〈스타 게이트〉라는 유명한 SF 드라마에 인류의 적인 리플리게이터라는 강력한 기계가 등장해요. 증식만 거듭하는 우주 기계죠. 뭐든지 다 모방할 수 있고요. 생각해 보니 리플리게이터의 기본 형태가 거미처럼 생겼던데."

그러자 클라우드 박사가 웃으면서 말했다.

"맞아, 사실 거기에서 착안하기도 했어. 그렇지만 저 거미들은 무한정 불어나지 않아. 무엇보다도 리플리게이터보다 프로그램 수준이 떨어지지. 인간을 흉내 낼 수준까지 가려면 멀었단다. 채소라도 제대로 땄으면 좋겠다. 일 좀 덜하게."

농담을 섞어 가면서 느긋하게 대화를 나누고 있자니, 자윤은 어느덧 긴장이 다 풀린 것을 느꼈다.

"고기는 없어요?"

남윤이 혀로 입술을 핥으면서 묻자, 머천트 부장은 씩 웃으면서 화면을 돌렸다. 울타리를 친 풀밭에서 한가로이 돌아다니고 있는 소와 양이 보였다.

"물론 있지. 하지만 쇠고기나 양고기를 먹으려면 잡아야 할 텐데?"

남윤은 한숨을 쉬면서 고개를 저었다.

"사실 고기 문제는 좀 까다롭지. 이 안에서 오래 생활하려면 육류가 필요하긴 한데, 그러려면 동물을 잡아서 내장을 떼어 내고 뼈와 살을 발라내는 일을 해야 한다는 거지. 그런데 이 자리에 있는 분 가운데 그 일을 하겠다고 나설 사람은 아마 없을 것 같구나."

그러자 덱스트러 씨가 나직하게 말했다.

"닭 정도는 제가 잡지요. 어릴 때 많이 해 봤거든요."

그러자 사람들의 찌푸린 얼굴이 조금 펴졌다. 모두 고기 없이 지내야 하나 생각하고 있던 모양이다.

"모자란 단백질을 보충하려면 젖이라도 짜야겠네요?"

남윤의 허탈한 말에 머천트 부장이 고개를 끄덕였다.

"맞아. 그래서 일단 소와 양을 들여놓았지. 고기를 생각하면 사실 돼지가 더 필요하지만, 소와 양이 있으면 젖을 짜서 마시고 치즈도 만들 수 있으니까. 돼지 문제는 실험 전에 한 번 더 논의하려고 했는데, 지금은 없으니까 상관없지. 물론 젖을 짜는 것도 쉬운 일이 아니다만……."

머천트 부장은 말을 하다 말고 남윤을 뚫어지게 바라보았다.

"왜요? 제 얼굴에 뭐 묻었어요?"

"우리가 지금 논의할 사항 중에 역할 분담도 있어. 젖 짜는 일은 너랑 네 누나가 맡는 게 어때?"

자윤이 물었다.

"뒷발에 차이면 어쩌죠?"

"순한 녀석들이라 그럴 일은 없을 거다. 컴퓨터에서 젖 짜는 방법을 알려 주는 동영상을 보고 따라 하면 될 거야. 많이 짜면 치즈 만드는 일도 해 보고, 어때?"

자윤은 남윤의 얼굴을 바라보았다. 재미있을 것도 같았지만, 왠지 좀 꺼려지기도 했다.

남윤이 머천트 부장에게 물었다.

"다른 일들은 뭐뭐 있어요?"

"어디 보자……. 우선 벼와 밀을 베어서 잘 말린 뒤에 탈곡하고, 밭에서 잡초 뽑고 잎채소 따고 당근 뽑고 감자 캐고, 과수원에서 사다리 타고 올라가 열매 따고 하는 일들이 있겠지. 뜨거운 햇볕 아래 모자 쓰고 한나절 일해야 할지도 몰라. 벌이나 진드기, 파리, 모기가 달려들지도 모르지. 또 퇴비 만들고 지저분한 설비 청소하는 일도 있고."

"그냥 젖 짜는 일 할래요. 누나도 그게 좋겠지?"

자윤은 고개를 끄덕였다.

"좋아. 하는 김에 닭장에서 매일 달걀도 꺼내 와야 해. 물론 가축들에게 사료도 줘야 하고. 알겠지?"

"왠지 일거리가 하나둘 늘어나는 기분이네요?"

"웬만하면 너희에게 일을 덜 맡기고 싶지만, 인원이 부족해서 말이야. 또 사실 이런 공동생활을 할 때는 어려도 무슨 일이든 역할을 맡는 편이 좋겠지, 안 그래?"

작물은 남자 어른들이 두 명씩 번갈아 맡기로 했다. 자윤은 주변 청소를 하겠다고 나섰고, 남윤은 물고기를 잡아오겠다고 했다.

"맞아, 생선도 먹어야지. 낚시는 우리 둘이 하기로 하자."

클라우드 박사가 남윤의 등을 두드렸다. 그러자 머천트 부장이 말했다.

"잘됐군요. 그러잖아도 이 실험에 필요한 일들이 있으니까요. 공교롭게도 여기에 식물, 곤충, 토양, 기상을 담당한 분들은 있지만, 수중 생태계와 동물을 담당한 연구자는 없어요. 클라우드 박사님이 물고기를 잡는 김에 호수와 바다의 변화를 살펴보는 일도 맡아 주셔야겠어요. 보탄 박사님도 함께해 주시고요. 측정하고 관찰할 사항은 내일쯤 외부에서 전문가들이 알려 줄 겁니다. 나머지는 동물인데……."

"그건 우리 세 사람이 맡기로 했어요."

남윤은 자신과 클라우드 박사, 자윤을 가리켰다.

"너무 일이 많지 않을까요?"

머천트 부장이 묻자, 클라우드 박사가 대답했다.

"아닙니다. 사실 기상 쪽은 그다지 할 일이 없을 겁니다. 자동 계측이 이루어지니까요. 수질 항목도 대부분은 그럴 테니까, 육상 동물을 관찰할 시간은 충분할 거예요."

"알겠습니다. 그럼 그렇게 하지요. 그리고 공통으로 할 일은 각 생태계의 변화 상황을 지켜보는 겁니다. 생태계가 약화하는 기미가 보이거나 무언가 다른 생태계로 침입하는 기미가 보이면 알려 주세요. 그거야말로 대책을 논의해야 할 사항이니까요. 자, 더 이야기할 사항이 없으면 회의는 이만 끝내기로 하고, 다 함께 경작 구역을 둘러보러 가지요."

생태계 유지에 큰 역할을 하는 종

호랑이와 물방개 가운데 어느 종이 더 중요할까? 벌새처럼 아름답고 희귀한 종과 생쥐처럼 칙칙하고 온갖 질병을 옮기는 종 중에서는?

우리의 삶과 취향을 기준으로 삼는다면, 호랑이와 벌새가 더 중요하다고 생각할 것이다. 그렇지만 수가 얼마나 많은지를 기준으로 삼는다면 어떨까? 수가 많다는 것은 그만큼 생태계에서 중요한 역할을 맡고 있다는 뜻이 아닐까? 잡아먹거나 질병을 퍼뜨려서 다른 생물의 수를 줄이는 불쾌한 역할이라 해도 말이다. 아니면 모든 종이 똑같이 중요할 수도 있지 않을까? 크든 작든 모든 종은 생태계에서 저마다 역할을 하고 있지 않을까?

어느 종이 중요하다고 보느냐에 따라 환경과 종을 보호하는 방식도 달라질 수밖에 없다. 호랑이가 중요한 종이라고 본다면, 호랑이가 살 수 있을 만큼 넓은 서식지를 보호해야 한다. 최상위 포식자인 호랑이는 넓은 영토를 돌아다니면서 다양한 동물을 잡아먹기 때문이다. 반면 물방개가 중요하다고 보면, 작은 연못 하나만 보호해도 된다. 모든 종이 중요하다고 보면, 골고루 잘 보호해야 한다.

생태학자들은 이 문제를 깊이 생각해 왔다. 그들은 어떤 생태계를 유지하는 데 아주 중요한 역할을 하는 종이 있는 반면, 작은 역할을 하는 종도 있다는 것을 알아차렸다. 그래서 맡은 역할에 따라 이름을 붙였다.

어느 생태계를 유지하는 데 결정적인 역할을 하는 종을 '핵심종'이라고 한다. 아프리카코끼리가 초원에 자라는 나무를 먹어 치워 없애지 않으면 나무들이 계속 침입해서 사바나는 사라질 것이다. 비버가 나무를 쓰러뜨려

댐을 만들지 않으면 습지 생태계는 유지될 수 없다. 아프리카코끼리와 비버는 이처럼 생태계 유지에 큰 역할을 하기 때문에 핵심종이라고 부른다.

한편 사람들이 어느 생태계를 보호하고자 할 때 상징으로 삼는 종도 있다. 그런 종을 '깃대종'이라고 한다. 우리는 판다가 중국의 환경 보전 노력을 상징하는 동물임을 안다. 벵골호랑이는 인도의 환경 보전 운동을 상징한다. 마찬가지로 코끼리, 코뿔소, 흰머리독수리, 미선나무도 깃대종이다.

'우산종'이라는 개념도 있다. 곰을 보호하려면 곰이 사는 넓은 지역을 보전해야 한다. 그러면 그 지역에 사는 많은 종들도 덩달아 보호받는다. 즉 곰은 다른 종들을 보호하는 우산이 된다.

핵심종 · 깃대종 · 우산종은 서로 겹치기도 하며, 분야에 따라 어느 한쪽 용어가 주로 쓰인다.

한편 어느 환경이 건강한지, 질병 · 오염 · 기후 변화 등으로 쇠약해지고 있는지를 말해 주는 종도 있다. 이런 종을 '지표종'이라고 한다. 지표종은 환경 변화에 매우 민감한 생물로, 지의류 · 이끼 · 연체동물 · 수생 생물 등이 대표적이다. 공기가 맑은 숲의 나무줄기나 바위에는 지의류와 이끼가 잔뜩 붙어 산다. 공기가 오염되기 시작하면 먼저 그들부터 사라지므로, 지표종을 통해 환경이 좋은지 나쁜지를 짐작할 수 있다. 또 물에 강도래나 날도래 같은 곤충이 살면 깨끗한 강이고, 모기나 깔따구 애벌레가 살면 더러운 물임을 알 수 있다. 이런 수생 곤충들도 지표종이다.

자족적인 생태계

그 뒤로 일주일은 별 문제 없이 흘러갔다. 아니, 문제가 생겼다고 해도 알아차릴 겨를이 없을 만큼 정신없이 흘러갔다.

자윤과 남윤은 소와 양의 젖을 짜는 법을 배우느라 갖은 고생을 했다. 둘은 동영상을 보고서 아주 쉽다고 생각했는데, 실제로 하려고 하니 어느 것 하나 제대로 되는 일이 없었다. 소와 양을 우리에 몰아넣고 유축기만 부착하면 컴퓨터가 알아서 한다고 나와 있지만, 소와 양은 자윤과 남윤의 말을 전혀 듣지 않았다. 한 시간 걸려서 겨우 소 한 마리를 우리에 몰아넣었고, 소가 자꾸 움직이는 바람에 유축기를 끼우는 데만도 30분이 걸렸다. 게다가 컴퓨터에 자동 유축 프로그램이 아직 설치되지 않아서, 외부에서 받아 다시 설치하고 값을 설정하는 데 두 시간이나 걸렸다. 그 와중에 네가 실수했느니 네가 잘못했느니 하면서 서로 티격태격하며 수백 번은 싸운 것 같았다.

"누나, 이제 된 거지?"

남윤이 컴퓨터에서 시작 버튼을 누른 뒤 물었다. 녹초가 된 자윤은 짚이 깔린 맨바닥에 주저앉아서 고개를 끄덕였다. 그런데 아뿔싸!

"우유통을 안 끼웠어!"

유축기에서 나온 우유가 관을 타고 흘러가 그대로 바닥으로 떨어지고 있었다.

"안 돼!"

자윤과 남윤은 허겁지겁 우유통을 찾아서 관에 연결했다. 소가 "음매." 하고 울었다. 자윤은 왠지 그 소리가 자신들을 비웃는 것처럼 들렸다.

"여긴 앉지 마. 쇠똥이 있는 것 같아."

자윤은 옆에 앉으려는 남윤을 말렸다. 여느 때 같으면 그냥 앉게 내버려 두었겠지만, 몇 시간 동안 함께 고생하고 났더니 예전의 정겨운 동생처럼 느껴졌다.

"이제 다 짰겠지?"

유축기에서 나는 소리가 멈추자 남윤이 말했다.

"응."

자윤은 대답했다. 하지만 둘 다 움직일 생각을 전혀 하지 않았다.

"누나가 유축기를 분리하는 게 어때?"

"착한 동생아, 너한테 맡길게."

자윤은 몸이 천근만근이라서 도저히 움직이기가 싫었다. 분명히 컴퓨터에는 유축 로봇이 알아서 한다고 나와 있었는데, 로봇 자체가 보이지 않았다. 아직 들여오지 않은 모양이었다.

"누나, 가위바위보 할까?"

자윤은 고개를 저었다.

"나는 이따가 살균을 할게. 이 일은 네가 해."

"살균하려면 통을 옮겨서 부어야 하잖아. 그건 힘을 써야 되지만, 이건 그냥 빼기만 하면 돼."

둘이서 가만히 앉아 말싸움을 하는 동안, 소는 불편함을 느끼는지 점점 몸을 이리저리 움직이고 있었다.

"누나, 저러다가 그냥 빠지지 않을까?"

"그러면 바닥에 떨어진 걸 씻어야 할 텐데? 네가 할래?"

그때였다. 갑자기 바깥에서 늑대 우는 소리가 들렸다. 자윤과 남윤은 저도 모르게 벌떡 일어났다.

"늑대다! 혹시 근처에 온 거야?"

그 순간, 젖소가 앞쪽 문을 밀고 뛰쳐나갔다. 유축기가 떨어지면서 나동그라졌다.

"너, 문 안 잠갔어?"

"누나가 잠갔어야지!"

둘은 티격태격하면서 소를 뒤따라 뛰어나갔다.

"맙소사! 너, 울타리 문도 안 잠갔잖아!"

"누나가 뒤에 들어왔잖아!"

목초지를 에워싼 울타리 문이 활짝 열려 있었다. 소 몇 마리는 벌써 밖으로 나가 돌아다니는 중이었다. 유축기를 떼어 내고 뛰쳐나간 소는 문을 지나 계속 달려가고 있었다. 자윤과 남윤은 달려가면서 서로에게 소리쳤다.

"너 때문이야!"

"휴, 정말 쉬운 일이 아니네."

자윤과 남윤은 땀에 젖은 채 나무 의자에 앉아 있었다. 둘 앞에 놓인 탁자에는 뜨거운 우유가 잔에 담겨 있었다. 갓 살균한 우유였다. 덥고 땀투성이인 채로 뜨거운 우유를 마신다는 건 어울리지 않는 듯했지만, 그래도 자윤은 힘들여 짠 우유를 맛보고 싶었다. 우유가 조금 식자 자윤은 살짝 입을 대고 맛보았다.

"괜찮네."

남윤도 맛을 보더니 고개를 끄덕였다. 컵 표면에 덮개처럼 굳어 있던 하얀 우유가 입술에 달라붙었다.

자윤은 옆에 앉아서 흐뭇한 표정으로 소들을 바라보고 있는 덱스터 씨에게 말했다.

"고맙습니다. 도와주시지 않았다면 정말 큰일 날 뻔했어요."

자윤과 남윤은 소들을 다시 울타리 안으로 몰아넣으려고 갖은 애를 썼지만, 소들은 도무지 말을 듣지 않았다. 몸과 마음은 지치고 자기들 힘으로는 도저히 어쩔 수 없다는 사실을 깨닫고 울음을 터뜨리기 직전, 덱스터 씨가 나타났다. 덱스터 씨는 너무나 쉽게 소들을 울타리 안으로 몰아넣었다. 게다가 자윤과 남윤은 몇 시간 동안 고생해서 겨우 한 마리의 젖을 짰건만, 덱스터 씨는 젖 짜는 장치를 소 다섯 마리씩에 한꺼번에 연결해서 순식간에 젖을 다 짰다.

"이 젖 짜는 자동 기계는 몇십 년 전에 발명됐는데, 여전히 성가신 부분이 꽤 많아. 고장도 잘 나고 말이야. 자, 이 기계가 고장 났을 때 어떻게 하는지 알려 줄까?"

덱스트러 씨는 소 밑에 우유통을 놓고 손으로 젖 짜는 법을 가르쳐 주었다. 자윤과 남윤은 직접 해 보았다. 신기하기도 하고 재미있기도 했다.

"어떻게 이렇게 잘 아세요?"

자윤이 묻자, 덱스트러 씨는 어릴 때 농장에서 자랐다고 했다.

"진작 알았으면, 아저씨한테 직접 배울걸 그랬어요."

남윤도 한마디 했다.

"역시 동영상으로 배우는 것보다 사람한테 직접 배우는 편이 훨씬 나아."

덱스트러 씨도 고개를 끄덕였다.

"아무렴. 이곳을 만든 사람들은 그런 생각을 별로 안 하는 것 같지만 말이야. 사실 이런 곳에서 살려면 농사짓는 법부터 배워야 해. 며칠 배우는 정도로는 어림도 없고, 적어도 몇 년은 직접 농사를 지어 봐야지. 그래야 문제가 생겨도 대처할 수 있지."

"그냥 농부도 함께 살면 되잖아요."

남윤이 말하자, 덱스트러 씨는 다시 고개를 끄덕였다.

"아마 그게 가장 좋겠지. 농사짓는 사람도 들어오고, 고기 잡는 사람도 들어오고, 자질구레한 물건 만드는 사람도 들어오고 말이야."

"하지만 그러면 사람이 너무 많아지겠네요."

자윤이 말하자, 덱스트러 씨가 또 고개를 끄덕였다.

"그게 문제지. 그저 농사짓고 살게 하려고 이런 값비싼 시설을 만든 건 아니니까. 화성에 이런 걸 지으려 하는 거니까 이런 저런 연구를 할 사람들이 들어와 살아야지."

"다 자동화하면 안 되나요?"

남윤이 묻자, 덱스트러 씨는 마치 자동인형처럼 다시 고개를 끄덕였다.

"아무렴. 이 시설을 설계한 사람들도 그렇게 생각했지. 그래서 최대한 자동화 설비를 갖추었어. 이 젖 짜는 장치도 그렇고, 밭에서 물 주고 잡초 뽑고 과일 따고 하는 일도 다 로봇이 하게 되어 있잖아. 벼 베고 밀 베는 일까지 말야."

"네에? 으, 사기당했어. 밭일을 하겠다고 할걸!"

덱스트러 씨는 빙그레 웃으면서 말했다.

"하지만 너희도 여기 기계를 쓰면서 느꼈잖니. 기계라는 게 다 알아서 하지는 못한다는 걸 말이야. 사람이 직접 해야 할 일들이 많이 생기지. 밭은 넓고 또 작물도 여러 종류니까 그만큼 사람의 손도 많이 가야 할 거야."

"로봇이나 자동화에 부정적이신가 봐요?"

자윤이 묻자, 덱스트러 씨는 처음으로 고개를 저었다.

"꼭 그렇지는 않아. 그런 것들 덕분에 내 일이 훨씬 수월해졌다는 걸 잘 알지. 물론 일자리가 많이 줄어들긴 했지만, 로봇이 할 수 없는 일들이 있어. 지금까지 주로 그런 일들을 맡아서 해왔지. 어쨌든 그런 것들에 너무 기대면 문제가 생겼을 때 해결하기 힘들어져. 로봇이 고장 나면 어떻게 하지? 요즘 기계는 다 미세한 전자 부품이라 어디가 고장 났는지 찾기도 힘들어. 통째로 갈아야 하지. 또 전기가 나가면 어떻게 해?"

"흠, 그럴 때를 대비해서 손으로 젖 짜는 법도 배워 두면 좋겠네요."

자윤의 말에 남윤이 타박했다.

"그렇게 따지면 배울 일이 너무 많잖아? 어떻게 다 해?"

덱스터 씨는 다시 고개를 끄덕였다.

"그렇긴 해. 사람이 다 배워야 한다면, 농사짓는 일만 해도 적어도 열 명은 필요할걸?"

"정말요?"

"그럼! 논농사 따로 밀농사 따로. 작물마다 기르는 방법도 다 다르지. 한 사람이 다 할 줄 안다고 해도 시간이 없어서 못해. 몇 종류만 살펴보는 데에도 하루가 다 갈걸? 더구나 종자를 얻어서 말리고 보관했다가 다시 뿌리고 하는 일까지 생각하면, 여간 일이 많지 않지."

"농사만 짓고 있을 수도 없고요."

자윤은 다시 우유를 한 모금 마셨다. 우유는 좀 식어서 알맞게 따끈하고 아주 고소한 맛이 났다. 농사짓는 일을 생각해 보니, 자족적인 생태계를 만든다는 것이 쉽지 않을 듯했다.

'최대한 자동화를 해도 농사에 많은 시간을 쏟아야 할 텐데, 인구가 적어도 수백 명은 돼야 하지 않을까? 그래야 각자 일을 따로 맡아서, 누구는 식량 문제를 해결하고 누구는 연구에 전념하고 해서 효율적으로 돌아갈 수 있지 않을까?'

그렇게 생각을 이어 가다 보니, 자윤은 자신에게 이런 시설을 구상하라고 맡긴다면 어떻게 할까 하는 상상까지 하게 되었다.

그때 남윤의 말이 들렸다.

"정식으로 실험할 때는 농부가 몇 명 들어오지 않을까요?"

"글쎄, 나야 모르지. 원래 이 울타리를 여닫고 젖이 찼을 때 소를 젖 짜는 곳으로 몰고 가는 일도 다 자동화할 계획이었대."

"와, 그랬으면 더 좋았을 텐데. 왜 그러지 않았나요?"

남윤이 우유를 벌컥벌컥 다 마시고서 말했다.

"비용도 많이 들고, 고장도 나고 하니까. 실제로 소들은 기계 말을 잘 안 듣거든. 사람이랑 똑같지. 작물도 마찬가지일 거야. 아마 이곳을 구상한 사람들도 그 점을 깨달았겠지. 과연 어디까지 자동화할 수 있을지 고민하면서 말이야. 사실 아무리 자동화를 해도 전기가 끊기면 다 끝장나지 않겠어? 자, 다 마셨으면 가축 키우는 법을 더 배워 볼래?"

자윤과 남윤은 덱스트러 씨를 따라다니면서 여물 주고, 사료 만들고, 닭을 내쫓고 달걀 찾는 일 따위를 배우면서 나머지 오후 시간을 보냈다.

"힘들긴 했어도 모처럼 몸으로 일하고 나니 기분이 좋군요."

아빠가 말하자, 모여 앉은 사람들이 모두 고개를 끄덕였다. 오후 내내 농사일을 하느라 고생하고 돌아와서, 저녁을 배불리 먹은 뒤였다. 오늘은 모두 함께 저녁을 먹기로 해서 보탄 박사와 자윤이 요리를 하고 남윤이 도왔다. 솔직히 요리가 맛있다고는 할 수 없었지만, 다들 힘들게 일하고 와서 배가 고팠는지 허겁지겁 깨끗이 먹어 치웠다.

자윤은 덱스트러 씨의 말이 옳았음을 깨달았다. 자동화가 되어 있다고 해도 밭에서 할 일이 너무나 많았던 것이다.

"자동화 시설이 너무 엉망이었어요. 내가 오늘 파이프에 물 나오는 구멍 막힌 곳을 몇 군데나 뚫은 줄 알아요? 쭈그려서 구멍 뚫느라 허리가 부러지는 줄 알았다니까요!"

클라우드 박사가 호들갑을 떨면서 말했다. 클라우드 박사 입에서 침이 튀자, 그 옆에 앉아 있던 보탄 박사가 살짝 인상을 찌푸리면서 말했다.

"나는 피망하고 토마토 지주를 바로 세우고 줄기 묶느라 손마디가 쑤셔요. 정말 이 일은 로봇에게 못 맡기겠어요. 엉뚱한 곳에다 묶지를 않나, 잎에 구멍을 내 놓지 않나, 어휴."

"저도 우유 짜느라 정말 고생했어요!"

남윤이 소리치자, 사람들이 빙긋 웃었다.

"그래, 고맙다. 너희 덕분에 우리가 이렇게 따뜻한 우유를 마실 수 있잖니."

머천트 부장이 말하면서 우유잔을 들어 올렸다.

"자, 우리 일주일 동안 노동의 기쁨을 만끽한 기념으로 한 잔 합시다!"

모두 우유잔을 들어 올렸다.

"이럴 때는 술 한 잔이 제격인데 말이죠."

클라우드 박사가 말하자, 덱스트러 씨가 머천트 부장의 눈치를 보면서 말했다.

"저, 사실은 인부들이 남긴 맥주가 조금 있어요."

그러자 머천트 부장은 반기면서 말했다.

"그래요? 그럼 얼른 가져오세요. 이런 날 아니면 언제 마시겠어요!"

잠시 뒤, 어른들은 맥주잔을 들고 자윤과 남윤은 우유 잔을 들고 다시 건배를 했다. 이어서 화기애애하게 이야기가 오갔다.

"늘 생각하던 일인데요, 로봇에도 눈꺼풀이 달려 있으면 좋겠어요. 오늘도 봐요. 렌즈에 토마토가 짓눌려서 들러붙는 바람에 오류를 일으켰잖아요?"

보탄 박사가 따뜻한 우유를 한 모금 마시면서 말하자, 머천트 부장은 고개를 끄덕였다.

"사실 우리도 많이 고민한 부분이에요. 로봇의 눈을 가로막을 만한 요인들은 많이 있지요. 벌레가 달라붙거나 먼지가 끼거나 습기가 찰 수도 있지요. 더 심한 것은 끈적거리는 수액이에요. 송진 같은 건 닦아 내기도 쉽지 않아요. 그래서 눈을 깜박거리게 하거나, 세정 시스템을 설치하거나, 교체용 렌즈를 쓰거나 하는 방법들을 다각도로 시도해 봤어요."

머천트 부장은 고개를 절레절레 저으며 계속 말했다.

"그런데 결과는 다 똑같았어요. 해결되는 문제보다 새로 생기는 문제가 더 많았지요! 관리하기도 더 힘들어지고, 고장도 더 잦아지고, 고장 났을 때 필요한 부품도 더 많이 보관해야지요. 로봇의 기능을 늘리고 자동화 수준을 더 높이려 할 때마다 같은 일이 벌어져요. 그래서 우리는 결론을 내렸지요. 단순한 것이 최고라고요."

"작은 것이 아름답다!"

자윤이 무심코 중얼거리자, 머천트 부장은 고개를 끄덕였다.

"맞아. 일맥상통하는 말이지. 사실 인간이 만드는 물건은 복잡해질수록 그만큼 환경을 오염시키게 마련이잖아? 부품이 많아지고 다양한 자원을 써야 하고 쓰레기도 많아지니까."

그 말에 자윤은 문득 떠오르는 생각이 있어서 물었다.

"그런데 로봇이 고장 나면 어떻게 해요? 여기에 부품 창고가 따로 있나요?"

머천트 부장은 덱스트러 씨를 바라보았다. 덱스트러 씨가 천천히 입을 열었다.

"부품 창고가 있긴 해요. 그런데 재고 조사를 하러 가 봤더니…… 텅 비었어요."

그 말에 사람들은 깜짝 놀랐다.

"맙소사! 어느 로봇이든 간에 고장 나면 못 쓴다는 거예요?"

보탄 박사가 묻자, 머천트 부장이 대답했다.

"꼭 그렇지는 않아요. 이곳 설비들은 최대한 서로 교체할 수 있도록 모듈 형식으로 설계됐어요. 주요 부품들은 대부분 바꿔 끼울 수 있어요. 통신 설비에 있는 부품을 거미 로봇에 끼울 수도 있고요. 그러니까 부품 재고가 없다고 해도, 우리가 나갈 때까지 별 문제는 없을 거예요. 더구나 거미 로봇은 수가 아주 많으니까요."

"예비 실험을 하기로 결정할 때, 부품 재고는 미처 생각하지 못했군요?"

보탄 박사가 묻자, 클라우드 박사가 대수롭지 않다는 투로 대꾸했다.

"생각했다고 한들 들여올 수도 없었을 텐데, 걱정해서 뭐하겠어요. 문제가 생기면 그때그때 해결하자고요. 아직까지는 별 문제 없으니, 그저 캠핑 온 셈 치고 즐겁게 놀자고요."

그러나 보탄 박사는 찜찜하다는 투로 말했다.

"그래도 부장님께서는 미리 알았을 텐데, 그런 문제는 모두에게 알려 주는 편이 좋지 않았을까요? 자윤이가 묻기 전에 우리는 몰랐잖아요? 이 맥주만 해도 그렇고요."

그러자 머천트 부장이 고개를 끄덕였다.

"맞는 말입니다. 제 불찰입니다. 시설 현황을 최대한 빨리 게시판에 붙이도록 하겠습니다."

그때 전화벨이 울렸다. 머천트 부장이 화상 통화로 연결하자 화면에 이카로스 이사장의 얼굴이 나타났다.

"여러분, 반갑습니다."

모두 손을 들어 이카로스 이사장에게 인사를 건넸다.

"재미있게 지내시는 것 같아 다행입니다. 이제 시설에 웬만큼 적응했을 테니, 본연의 임무를 할 때가 왔음을 말씀드립니다. 이 예비 실험에서 무엇을 중점적으로 살펴볼지 이사회에서 논의를 했어요. 물론 문제가 생긴다면 그 문제를 해결하는 데 활동이 집중돼야겠지요. 하지만 여러분도 측정값들을 살펴봐서 짐작하겠지만, 지난 일주일 동안 눈에 띄는 변화가 전혀 없었어요. 즉 시설 안의 생태계가 문제 없이 잘 돌아가고 있다는 거지요."

"그거야 우리가 완벽하게 조성했기 때문이죠!"

클라우드 박사가 소리치자, 모두 손뼉을 치면서 웃었다. 이카로스 이사장도 빙긋 웃으면서 말했다.

"그렇다고 봐야 하나요? 그러면 조성이 완벽했다고 발표하고 지금 당장 여러분을 내보내면 어떨까요?"

"안 돼요! 아직 제대로 돌아보지도 못했다고요. 우유만 짜다가 갈 순 없어요!"

남윤이 다급하게 소리치자, 다시금 웃음이 터져 나왔다.

"맞아요. 일주일은 너무 짧지요. 사실 사계절을 다 겪어 봐야 어떤 일이 벌어지는지를 알 수 있겠지요. 아무튼 문제가 생기기 전까지 여러분이 할 일을 정했습니다. 기후, 식물, 토양, 곤충은 각 분야의 전문가가 알아서 살펴보실 테니까……."

이카로스 이사장은 말하다 말고 주위를 둘러보았다.

"더스티 박사님은 오늘도 안 보이는군요. 흠, 홀로 생활하는 분이 있어도 상관없겠지요. 아무튼 지금 시설 안에 전문가가 있어야 하는데 없는 분야 중에서 중요성을 따져 봤습니다. 먼저 동물들의 활동을 파악해야 할 것 같습니다. 몇몇 동물은 모니터링이 되고 있지만, 동물들이 건강하게 살아가는지 자세히 파악할 필요가 있으니까요. 바다와 호수의 동물도 살펴봐야겠습니다만, 위험이 있으니까 먼저 뭍짐승부터 살펴보는 편이 낫겠어요."

"우리 수영 잘해요! 다이빙까지 배웠어요!"

남윤이 다시 소리치자, 이사장이 빙그레 웃으며 말했다.

"그렇구나! 수영 전문가가 있는 줄 몰랐네. 앞으로 그 점을 감안하지. 아무튼 구체적인 역할 분담은 여러분이 정하세요. 앞서 말씀드렸다시피, 이 임무는 어떤 문제가 생기기 전까지 맡는 것을 말합니다. 문제가 생기면 정해진 지침에 따라 조치를 취해야 한다는 점 명심해 주세요. 그리고 당분간은 연락을 하지 않겠습니다. 아무래도 자족적인 생활을 하는 데 방해가 될 테니까요."

이카로스 이사장은 작별 인사를 하려다가 뭔가 생각났다는 표정을 지었다.

"아, 참. 클라우드 박사님. 박사님이 애지중지하는 늑대가 또 말썽을 부리는 모양이에요. 위치 신호가 엉뚱한 곳에서 나타나요. 여러분보다 먼저 시설 전체를 탐사할 생각인가 봅니다. 주의해서 살펴보세요."

클라우드 박사는 한숨을 푹 내쉬면서 고개를 숙였다.

"그럼 여러분, 다음에 뵙겠습니다."

"으, 너무 덥다!"

"정말 땀이 줄줄 흘러."

자윤과 남윤은 경쟁하듯이 연신 덥다는 말을 되풀이했다. 둘은 열대 우림을 헤치며 걷고 있었다. 열대 우림을 탐사하자고 했더니, 남윤은 영화 속 탐험가 흉내를 내려는지 어디서 부메랑처럼 휘어진 칼까지 장만해 왔다.

"내가 만들었어. 멋지지? 여기에 공구실도 있더라고."

하지만 앞장서서 기세 좋게 칼을 휘두르며 길을 뚫겠다던 남윤은 10미터도 채 못 가서 포기하고 말았다.

"너무 힘들어."

그러자 보탄 박사가 빙긋 웃으면서 앞장섰다. 박사는 칼 한 번 휘두르지 않았지만, 이리저리 수월하게 길을 헤치며 나아갔다.

"원래 길이 있나 봐. 괜히 힘썼네."

남윤이 맨 뒤에서 투덜거렸다.

그러나 자윤과 남윤은 뒤따라가는 일도 쉽지 않다는 사실을 곧 깨달았다. 곧 온몸이 땀과 습기와 끈적거리는 수액으로 뒤범벅이 되었다. 그런 데다 나뭇가지를 헤치고 갈 때마다 숨어 있던 온갖 벌레들이 달라붙었다. 자윤은 처음에는 꺅꺅 비명을 질러 댔지만, 시간이 흐르니 어느덧 익숙해졌다. 20분쯤 지나자 이제 는 어떤 벌레인지 살펴볼 정도가 되었다. 물론 징그러운 벌레를 볼 때는 저도 모르게 움찔하곤 했다.

"누나, 얘 좀 봐. 왕 대벌레야."

돌아보니 남윤의 팔 위로 몸길이가 10센티미터를 넘는 초록 색 대벌레가 기어가고 있었다.

"누나, 얼른 사진 찍어! 열대 탐험가 남윤의 모습이 잘 나타나 야 해!"

자윤은 힘든데 이 짓까지 해야 하나 생각하면서도 사진을 찍 어 주었다. 말을 하면 더 힘이 빠질 것 같았기 때문이다. 대벌레 는 남윤의 어깨까지 올라갔다가 옆의 나뭇가지로 옮겨 갔다. 남 윤이 히죽 웃는 순간, 갑자기 옆에서 뭐가 휙 날아오더니 대벌레 를 채 갔다.

"엄마야!"

남윤은 깜짝 놀라면서 뒤로 한 걸음 물러섰다. 자윤이 눈을 돌리니, 대벌레는 붉은 얼룩이 있는 개구리의 입속으로 벌써 절 반쯤 들어가 있었다.

"이 녀석이!"

남윤이 괜히 화풀이를 하려는 순간, 개구리는 폴짝 뛰어 어디 로 사라졌다.

"고맙다고 해. 확실하게 찍었어. 개구리에 놀라 나자빠진 탐험 가!"

"나자빠지진 않았어!"

조금 더 들어가니, 농담할 기운조차 없어졌다. 보탄 박사는 주변을 유심히 살피면서 사진도 찍고 태블릿 피시에 기록도 했지만, 자윤과 남윤은 땀에 절어 그저 헉헉거리며 따라갈 뿐이었다. 챙 넓은 모자를 푹 눌러쓰고 앞서 가는 보탄 박사는 땀도 안 흘리는 듯했다. 더위를 전혀 느끼지 않는 모양이었다.

　"박사님, 좀 쉬었다 가요."

　자윤은 더 참지 못하고 말했다. 보탄 박사는 그제야 아이들이 지친 낌새를 알아차렸는지 뒤를 돌아보았다.

　"아, 그렇구나. 좀 힘들지? 여기서 잠깐 쉬자."

　자윤과 남윤은 땅 위로 불룩 튀어나온 굵은 나무뿌리에 걸터앉아 허겁지겁 물을 들이켰다. 자윤이 보니 보탄 박사는 앞의 나무를 칭칭 감고 있는 굵은 덩굴을 유심히 살펴보고 있었다.

　"와, 가까이에서 보니 정말 굵다! 저게 나무 꼭대기까지 감고 올라가요?"

　남윤도 보탄 박사의 시선을 따라가며 감탄하면서 묻자, 박사가 대답했다.

　"올라가는 게 아니라 내려오는 거야."

　"네에?"

　남윤이 놀란 표정을 짓자 자윤이 타박했다.

　"멍청하긴! 봐, 뿌리가 땅에 박혀 있지 않잖아."

　"어? 그러네. 옆 나무에서 건너온 건가?"

　남윤이 주위를 둘러보자 보탄 박사가 설명했다.

　"이건 리아나의 일종이야. 열대 덩굴이지. 땅에서 씨가 싹터서 올라가는 게 아니라, 위쪽 나뭇가지 사이에 떨어진 씨가 싹이 터서 나무를 감고 내려오는 거야. 원래 열대 우림은 아주 울창해서 바닥까지 햇빛이 잘 들지 않기 때문에 숲 바닥에 떨어진 씨는 싹이 트기가 쉽지 않아. 그래서 나온 생존 전략이지. 위쪽에는 햇빛이 드니까 말야."

"아하, 박 씨 물고 날아가던 제비가 잘못해서 나뭇가지에 떨어뜨리는 거구나."

보탄 박사가 무슨 말이냐는 표정을 지었다. 자윤은 남윤의 머리를 콩 때렸다.

"아니, 그냥 농담한 거예요. 그런데 인공으로 조성한 건데도 정말 기온 차이가 많이 나네요. 숙소 쪽은 서늘한 편이었는데, 여기는 진짜 열대 우림처럼 푹푹 쪄요."

그러자 보탄 박사는 위쪽을 가리켰다. 자윤과 남윤은 고개를 들어 올려다보았다. 위쪽은 나뭇잎과 가지로 빽빽하게 덮여 있어서 어두컴컴했다.

"위가 빽빽하게 덮여서 찌는 거예요?"

남윤이 묻자, 보탄 박사는 손뼉을 치면서 깔깔 웃었다. 자윤과 남윤은 어리둥절해했다. 자윤은 과학자들은 모두 이렇게 어딘가 좀 이상한가 하는 생각이 언뜻 들었다.

'전혀 웃기지 않은데 웃다니! 혹시 아빠도 어딘가 이상한 면이 있는 것 아닐까?'

"너 정말 재미있구나. 생각이 아주 기발해. 그게 아니라, 돔을 말한 거야."

"돔 유리 때문이라고요? 수증기를 이쪽으로 모은다는 얘기는 들었는데, 열도 모으나요?"

자윤이 묻자 보탄 박사가 대답했다.

"물론 수증기가 모이면 열도 따라서 모이겠지. 수증기가 본래 열을 많이 품고 있으니까. 하지만 그보다는 돔 유리의 햇빛 투과율이 더 중요한 역할을 해. 여기 돔 유리에는 여러 가지 기능이 들어 있어. 햇빛 투과율을 조절하는 기능도 그중 하나지. 열대 우림과 사막 생태계에는 햇빛이 많이 들도록 조성돼 있어."

"와, 그런 게 다 조절된다고요!"

남윤이 감탄하면서 위를 계속 쳐다보았다. 그러나 햇빛은 전혀 보이지 않았다.

"그러면 굳이 이런 실험을 할 필요도 없지 않을까요? 기후 같은 것에 이상이 생기면 돔 유리를 조절하면 되잖아요?"

"그렇긴 하지. 문제는 조절하기가 쉽지 않다는 거야. 지금이야 한 계절만 염두에 두고 일정하게 유지하고 있으니까 아무 문제가 없겠지만, 계절을 고려하면 여간 어려운 일이 아니거든. 공기의 흐름, 기온, 습도, 증발량, 빛 반사율에 변화가 생겼을 때, 이 안이 어떻게 달라질지 예측하기가 여간 까다롭지 않아. 그래서 조절 기능이 있긴 해도 처음 설정한 대로 놔두기로 했지."

"그럼 돈 낭비잖아요? 아깝네."

남윤이 투덜거렸다.

"그렇다고 볼 수도 있지만, 이 시설은 예기치 않은 상황까지 고려해야 하거든. 그런 상황이 벌어지면 조절해야 할 거야."

"예기치 않은 상황은 별로 일어날 것 같지 않은데요? 바이오스피어2 때는 이산화탄소 농도가 증가해서 문제가 생겼지만, 여기서는 관련된 조치는 미리 다 했을 거잖아요."

자윤의 말에 보탄 박사는 고개를 끄덕였다.

"물론 고려할 수 있는 문제는 다 고려했지. 그리고 문제가 안 생기면 좋고. 그렇지만 모든 시설은 극단적인 상황까지 고려해서 설계되는 거야. 도로, 다리, 하수도, 전기도 마찬가지야. 몇 년 동안 비가 한 번에 10밀리미터 안팎으로 왔다고 해서 빗물을 내보내는 우수관을 지름 10센티미터로 설치했다고 해 봐. 그 이듬해에 갑자기 비가 한 번에 50밀리미터 내린다면, 물이 넘쳐서 집도 도로도 다 물에 잠기겠지?"

"그렇다고 더 큰 걸 설치했다가 비가 안 오면 낭비잖아요?"

"그렇지. 그래서 시설을 설계할 때 과거의 통계 자료도 분석하고, 기후 변화도 예측하는 거야. 10년 동안, 아니면 30년, 50년, 100년 동안 가장 심하게 비가 내린다고 할 때 강수량이 얼마나 될지 추측해. 그런 다음 10년 동안의 최댓값을 기준으로 할지, 100년 동안의 최댓값을 기준으로 할지 정해서 관의 크기를 고르는 거지."

"천 년은 어때요?"

남윤이 끼어들었다.

"으이그, 그때면 관이 다 삭아서 없어지겠다."

자윤이 타박할 때, 보탄 박사는 남윤을 쳐다보며 다시 깔깔 웃었다.

"넌 정말 기발하구나. 맞아. 이 시설은 천 년을 염두에 두고 설계했대."

"거봐! 내 말이 맞지?"

으스대는 남윤을 무시하면서 자윤은 보탄 박사에게 물었다.

"이게 그렇게 오래간다고요?"

자윤이 말도 안 된다는 듯이 둘러보았다.

"물론 계속 보수하면서 유지하는 거지. 따지고 보면 천 년이 아주 길지 않을 수도 있어. 로마에 가면 천 년 넘은 유적이 많잖니? 이 시설은 화성에서 인류가 장기 거주한다는 것을 전제로 설계한 거니까, 그만큼 아주 드물게 일어날 사건까지 고려해야 해. 예상하기 어려운 사건들까지도 말야."

"그래서 머천트 부장님이 엄청 비싼 유리라고 했구나."

남윤이 중얼거리자, 보탄 박사는 고개를 끄덕였다.

"그렇대. 온갖 기능이 들어 있지."

"다 쓸 수도 없겠네요?"

"안 쓰면 더 좋지, 뭐."

"그런데 어떻게 그렇게 잘 아세요? 식물학자시잖아요?"

자윤의 질문에 보탄 박사는 덤덤한 투로 대답했다.

"다 주워들은 얘기야. 난 6년 전부터 여기 조성에 참여했어. 회의만 천 번쯤 했을걸. 귀에 못이 박이도록 들었지. 자, 이제 다시 출발해 볼까."

남윤은 일어나면서 중얼거렸다.

"어휴, 열대 우림 탐험이 이렇게 힘들고 지겨운 건 줄 몰랐네. 그냥 예상 밖의 일이라도 일어났으면 좋겠다."

"너, 말이 씨가 된다고 했어."

자윤이 한마디 하면서, 벌써 저만치 앞선 보탄 박사의 뒤를 서둘러 따라갔다.

"여기 우림 생물들은 아마존에서 옮겨 온 거예요?"

다시 헉헉대면서 자윤이 물었다.

"아마존 생물도 있고, 아프리카 생물도 있어. 동남아시아에서 옮겨 온 것도 있고. 저 앞에 산등성이 보이지?"

보탄 박사가 가리킨 곳을 보니, 울창한 숲 사이로 바위가 드러난 산등성이가 아래로 쭉 뻗어 있었다.

"저런 자연 지형을 이용해서 열대 우림을 삼등분했어. 아직까지는 세 곳이 대체로 격리된 상태로 유지되고 있지만, 저 바위들이 식물로 뒤덮이고 나면 어떻게 될지 모르지."

"한 군데만 옮겨 오는 편이 더 낫지 않았을까요? 한쪽이 경쟁에 밀려서 다 사라지면 어떡해요?"

"그래도 상관없어."

"네? 애써 키운 것들인데요?"

자윤은 보탄 박사의 말이 잘 이해되지 않았다. 죽어 사라지도록 놔두려면 뭐하러 이렇게 애써 옮겨 와서 키운 걸까?

"이 시설은 현상 유지를 위한 것이 아니야. 다시 말해, 처음에 조성한 대로 천 년 동안 고스란히 유지하려는 게 아니야. 그런 일은 불가능해. 무의미한 짓이기도 하고."

그 말을 들으니 맞는 것 같기도 했다. 천 년이라는 긴 세월로 보면, 죽어 사라지는 것도 당연히 있을 터였다.

"그래도 보전하려고 애썼는데 사라지는 것과 그냥 방치해서 사라지는 것은 다르지 않을까요?"

그 말에 보탄 박사는 몸을 돌려 자윤의 눈을 똑바로 보았다.

"흠, 몸이 힘들어서 그냥 정신을 분산시키기 위해 하는 질문이 아니구나."

"제가 보기에는 그런 의도인데요."

남윤이 헉헉거리면서 중얼거렸다. 그때 보탄 박사가 집게손가락을 입에 댔다.

"쉿! 저길 보렴."

박사가 가리키는 곳을 보니, 빨간 꽃 앞에서 뭐가 윙윙거리며 날고 있었다. 무지갯빛으로 빛나는 날개가 보이지 않을 만큼 아주 빠르게 움직이고 있었다.

"우아, 벌새예요!"

"맞아. 멸종 위기종이지. 사실 여기에는 세계 어느 지역보다도 멸종 위기종이 많이 있어. 구할 만한 것은 다 찾아서 모아 놨거든. 벌새보다 더 희귀한 안경원숭이와 여우원숭이도 있어. 나도 찾아보려고 했지만, 어디 숨어 있는지 아직까지 못 봤단다."

"마다가스카르의 여우원숭이요? 2027년에 다 멸종하지 않았어요?"

"그래, 삼림 파괴와 사냥, 기후 변화로 마다가스카르에서는 사라졌지. 사실 여기 있는 건 몇몇 동물원에 살아남은 개체들을 들여온 거야. 멸종한 개체의 DNA를 복제한 종도 있어. 어쨌든 그런 생물들에게는 여기가 최후의 안식처일 수도 있지."

"그러면 더욱더 보전하려고 애써야 하는 것 아니에요?"

"그렇게 간단한 문제가 아니란다. 무엇보다도 이곳은 자연을 보전하거나 멸종 위기 생물을 보호하기 위한 시설이 아니야. 우리가 살던 환경과 조건이 다른 세계에서 어떻게 생존할 것인지를 연구하기 위한 시설이지. 생각해 봐. 한국에서 잘 자라는 소나무를 인도에 옮겨 심어도 잘 살 수 있을까?"

"아니요."

"그러면 아마존 우림에서 멸종 위기에 놓인 식물을 동남아시아 우림에 옮겨 심으면 어떻게 될까?"

"글쎄요. 죽지 않을까요? 환경이 전혀 다르니까요."

"그럴 가능성이 높지. 하지만 다른 지역을 침입한 외래종들을 생각하면 그렇지 않을 가능성도 어느 정도는 있지. 오히려 낯선 환경에서 번성하는 종도 있거든. 천적이나 경쟁자가 없기 때문이야."

"멸종 위기종을 모은 것도 그런 이유에서라고요? 혹시라도 크게 번식할 가능성을 생각해서요?"

보탄 박사는 고개를 끄덕이면서 다른 곳을 가리켰다. 그쪽을 쳐다본 자윤과 남윤은 고개를 갸우뚱했다. 그저 나무와 덩굴만 보일 뿐이었다.

"자세히 봐. 뭔가 움직이지?"

그랬다. 초록색을 띠고 굵기가 남윤의 팔뚝만 한 긴 뱀이 나뭇잎 사이로 천천히 움직이고 있었다.

"에메랄드나무보아야. 예쁘지?"

자윤은 속으로 징그럽다고 생각하면서도 고개를 끄덕였다.

"현재 지구 환경에서 번성하는 종이 화성의 인공 생태계에서도 번성하리라고는 장담할 수 없어. 거꾸로 지구에서 멸종하기 직전에 있는 종이 그곳에서는 번성할 수도 있지. 우리는 모든 가능성을 열어 두어야 해."

"그래서 경쟁을 시킨다고요? 왠지 불쌍해요."

"물론 완전히 방치하는 것은 아니야. 종마다 번식할 수 있는 여건을 최대한 조성했어. 그렇지만 이곳에서 연구하는 건 생존 가능성이야. 본래 살던 생태계와 비슷한 곳이긴 하지만, 더 넓게 보면 환경이 전혀 다른 곳에서 생물들이 어떻게 살아남고 번성할지를 실험하는 거지."

"그래도 잔인하다는 생각이 들어요. 경쟁을 붙여 놓고 알아서 살아남으라고 하는 거잖아요."

"꼭 그렇기만 할까? 우리가 지구 전체에서 생물들에게 저지르는 일이 더 잔인한 게 아닐까? 여기에서는 최소한 새로운 기회라도 주잖아."

보탄 박사는 다시 걷기 시작했다. 자윤은 헉헉거리면서 계속 생각했지만, 도무지 뭐가 옳은지 갈피를 잡기가 어려웠다. 그들은 한참을 걸어 올라갔다. 자윤은 남윤이 건네준 사탕을 입에 넣었다. 왠지 온몸이 더욱 끈적거리는 기분이 들었다.

"으, 머리까지 몽롱해지는 것 같아. 박사님, 이제 그만 돌아가면 안 될까요?"

열대 탐험가를 자처하던 남윤이 마침내 백기를 들었다. 그러나 보탄 박사는 계속 걸으면서 말했다.

"거의 다 왔어. 조금만 가면 돼. 여기서 멈추면 더 힘들어."

"으, 아빠랑 똑같아요. 물어보면 거의 다 왔다고 하면서, 몇 시간을 더 걷던데요."

남윤의 말에 보탄 박사는 다시 깔깔 웃었다.

"이번에는 아니야. 위를 보렴."

위를 보니 하늘이, 아니, 돔 유리가 흐릿하게 눈에 들어왔다. 하늘을 빽빽이 가리던 잎과 가지가 성기게 펼쳐져 있었다. 어느덧 산꼭대기까지 거의 다 올라온 모양이었다. 그런데 좀 이상했다. 햇살이 비치지 않고 있었다.

"하늘이 왜 이렇게 컴컴해? 돔 밖에서 비가 오려나?"

남윤이 허리를 펴면서 말하자, 보탄 박사도 고개를 갸웃했다.

"그럴 리가. 여기는 지난 10년 동안 비 한 방울 내리지 않은 사막이야. 먼지 폭풍도 거의 없는 곳인걸."

보탄 박사는 배낭을 뒤져 망원경을 꺼냈다. 그사이에 남윤은 땀에 젖은 손수건을 쥐어짜면서 다시 중얼거렸다.

"10년 단위로 일어나는 사건이 아닐까요?"

자윤은 쿡 웃음이 났다. 정말 기발한 생각을 하는 녀석임이 틀림없었다.

"이런! 네 말이 맞는 것 같구나."

"정말요? 와, 난 정말 천재인가 봐. 시시때때로 영감이 번뜩이잖아!"

남윤이 호들갑을 떠는 동안, 자윤은 보탄 박사에게서 넘겨받은 망원경을 눈에 댔다.

"맙소사! 저게 뭐야?"

자윤의 말을 들은 남윤이 재빨리 망원경을 채 갔다.

"우와! 이런 명장면이……."

보탄 박사는 입을 쩍 벌린 채 기가 막히다는 표정으로 하늘을 올려다보면서 말했다.

"10년이 아니라 수백 년 만에 일어나는 사건이겠구나."

돔 바깥쪽 유리를 메뚜기 같은 곤충들이 온통 뒤덮고 있었다.

생물의 다양한 상호 작용

모든 생물은 자신이 살아가는 환경과 상호 작용을 한다. 또 직접적으로든 간접적으로든 생물끼리도 상호 작용을 한다. 생물들의 상오 삭용은 몹시 다양하고 복잡하다. 그래서 실제 생태계에서 생물들이 서로 어떻게 상호 작용을 하는지 알아내기는 쉽지 않다. 온갖 생물을 닥치는 대로 먹어 치우는 불가사리가 사실은 홍합의 수를 줄여서 산호초를 유지하는 데 중요한 역할을 한다는 것도 과학자들은 나중에야 알아차렸다. 또 남아메리카에 살던 뉴트리아를 우리나라에 들여와 사육하다가 야생으로 보내서 토착 생물이 큰 피해를 입는 사례도 볼 수 있다. 이러한 사례들은 우리가 생물들의 상호 작용을 얼마나 모르고 있는지를 잘 보여 준다.

그럼에도 생물들의 상호 작용은 크게 섭식, 경쟁, 공생으로 나누어 살펴볼 수 있다.

섭식은 먹이를 먹는 것을 뜻한다. 식물이나 다른 동물을 먹는 종도 있고, 독수리처럼 죽거나 썩어 가는 동식물을 먹는 종도 있다. 곰팡이나 세균을 먹는 종도 있고, 사람처럼 닥치는 대로 먹는 잡식 동물도 있다.

경쟁은 살아가는 데 필요한 먹이, 공간 같은 자원을 차지하기 위해 다투는 것을 말한다. 강아지 두 마리가 뼈다귀 하나를 두고 싸우듯이 같은 종의 개체끼리 다투는 종내 경쟁이 있고, 소나무와 신갈나무가 물을 차지하기 위해 서로 뿌리를 뻗는 것처럼 서로 다른 종끼리 싸우는 종간 경쟁이 있다.

공생은 다른 종이 함께 살면서 서로 도움을 주는 것을 말한다. 콩과 식물과 그 뿌리에 사는 뿌리혹박테리아가 대표적이다. 뿌리혹박테리아는 식물에서 양분을 얻고, 식물은 뿌리혹박테리아에서 질소 비료를 얻는다. 양쪽 다 이익을 얻는 공생이 있는 반면, 한쪽만 이익을 보고 다른 한쪽은 아무런 이익도 손해도 안 보는 공생도 있다. 한쪽이 이익을 보고 다른 한쪽은 피해를 보는 관계도 있는데, 이것을 따로 기생이라고 한다.

공생은 영구적일 수도 있고 그렇지 않을 수도 있다. 심해의 열수 분출구에 사는 길이가 2미터를 넘는 관벌레처럼 입도 없이 영구적으로 공생체에 의지해 사는 종도 있고, 산호 동물에 공생하는 조류처럼 환경이 나빠지면 산호를 버리고 자기만 살겠다고 빠져나가는 공생체도 있다. 환경에 따라 공생과 기생 사이를 오가는 관계도 있다. 그러나 실제로 어떤 관계가 공생인지 기생인지를 파악하기가 어려울 때도 많다. 숙주도 기생체와 함께하는 방향으로 진화하는 사례가 많기 때문이다.

한편 엽록체와 미토콘드리아처럼 몇십억 년 전에 다른 세포 안으로 들어갔다가 독립해서 살아갈 능력을 잃고 세포의 일부가 되어버린 내생 공생의 사례도 있다. 엽록체와 미토콘드리아는 원래 스스로 살아가는 미생물이었는데, 언제부터인가 다른 세균에 잡아먹혔다가 죽지 않고 그 안에서 공생하며 살기 시작했다. 미토콘드리아는 세균 안에서 보호를 받고 필요한 물질을 얻는 대신에 세균이 쓸 에너지를 생산하고, 엽록체는 광합성을 통해 양분을 만들어서 세균에 주었다. 시간이 흐르자 미토콘드리아만 지닌 세균은 동물 세포가 되었고, 미토콘드리아와 엽록체를 지닌 세균은 식물 세포가 되었다. 공생이 없었다면, 식물과 동물도 존재할 수 없었다.

성가신 문제

"다 아시겠지만, 엄청난 일이 벌어져서 임무의 우선순위가 바뀌었습니다."

사람들은 회의실에 모여 있었다. 2주일이 넘도록 한 번도 모습을 드러내지 않던 더스티 박사까지 와 있었다.

머천트 부장은 사람들을 둘러보면서 말을 계속했다.

"우리가 전혀 예상하지 못한 문제가 일어났습니다. 일어날 수 있는 온갖 상황을 다 고려했는데……. 이거야말로 전혀 뜻밖의 상황이네요. 더 큰 문제는 그것이 이 안에 있는 우리가 해결할 수 없다는 데 있습니다. 현재로서는 바깥에서 해결하기를 기다릴 수밖에 없습니다."

"재단이나 이사회에서는 뭐라고 하나요?"

보탄 박사가 묻자, 머천트 부장은 고개를 저었다.

"불행히도 통신 장치에 문제가 생긴 것 같습니다. 지금 외부와 전혀 통신이 안 돼요. 바깥 상황이 어떻게 돌아가는지도 알 수 없고요."

"누나, 진짜 생존 체험이 시작되려나 봐."

남윤이 자윤의 귀에 대고 조그맣게 말했다. 그러자 자윤은 남윤을 한심하다는 듯한 표정으로 바라보았다.

'이 녀석도 어딘지 나사가 하나 빠져 있다는 점에서 여기 있는 사람들이랑 비슷한 부류가 아닐까? 이 녀석에게는 진지함이라는 나사가 완전히 빠져 있어. 어디서 주워다 다시 끼우면 좋겠건만.'

자윤의 눈이 바닥을 훑을 때 퉁명스러운 목소리가 들렸다.

"그럼 지금 어떤 일이 벌어지고 있는지도 전혀 모른다는 겁니까?"

더스티 박사였다. 머천트 부장은 아빠를 바라보았다.

"아, 그 점은 이상 박사님이 웬만큼 설명해 주실 수 있을 것 같네요."

아빠는 고개를 끄덕이고 앞으로 나섰다.

"먼저 화면을 보시죠."

화면에 곤충이 떼 지어 날아드는 영상이 나타났다. 메뚜기처럼 보였다.

"이건 두 시간 전에 외부 카메라에 찍힌 영상입니다. 카메라도 지금은 작동이 불가능한 상태입니다. 망가진 모양이에요. 제가 판단하기에 이 곤충은……."

"풀무치예요."

보탄 박사가 먼저 말했다. 사람들이 그쪽으로 돌아보자 박사가 설명했다.

"제 고향인 인도 남부도 저 곤충에게 이따금 피해를 입어요. 수백만 마리씩 떼 지어 날아다니면서 닥치는 대로 먹어 치우지요. 저들이 지나가고 나면 밭에 아무것도 남지 않아요. 그야말로 쑥대밭이 되죠."

아빠가 고개를 끄덕였다.

"맞습니다. 이 곤충은 풀무치의 일종인 사막메뚜기입니다. 가끔 대규모로 발생해서 아프리카와 유럽, 아시아의 농업에 엄청난 피해를 입히지요. 2003~2005년에는 서아프리카에서 대규모로 창궐했어요. 당시 서남아시아와 유럽 남부까지 퍼져서 20여 개국이 엄청난 피해를 입었어요. 2022년에는 동남아시아와 중국에 큰 피해를 입혔고, 2028년에는 보탄 박사님 말씀대로 인도 남부를 휩쓸었지요."

"그런데 아메리카에는 사막메뚜기가 없다고 알고 있는데요?"

보탄 박사가 의아해하자 아빠가 설명했다.

"네, 원래는 없었어요. 이 시설이 있는 지역에도 토종 풀무치가 있긴 했지만, 19세기 말에 멸종했어요. 그런데 10년 전쯤 제가 대분지 지역을 조사하다가 이 종을 발견한 적이 있어요. 어떤 경로를 거쳐서였는지 이곳에 들어온 거죠. 그런데 그때는 개체 수가 얼마 안 됐거든요."

"10년 만에 엄청난 규모로 불어난 거네요."

"맞습니다. 클라우드 박사님과 이야기를 나눠 보니, 지난 몇 주 동안 이 지역이 이상하게 따뜻하고 비도 많이 내렸다더군요.

기상청에서는 지구 온난화에 따른 변덕스러운 기상 현상이라고 발표한 모양인데, 아마 그 때문에 풀무치가 계속 알을 낳고 부화하고 해서 대규모로 불어난 것 같습니다. 그러면서 무리를 지었을 테고, 바람을 타고 이동을 시작한 거죠."

"자, 문제는 이것만이 아니라는 겁니다. 이 영상을 보시지요."

다시 머천트 부장이 진행을 이어 갔다.

외부 카메라에 찍힌 영상이 화면에 나타났다. 풀무치들이 새까맣게 날아와 앉고 하는 모습이 비치더니, 곧이어 풀무치들 사이의 빈 공간으로 뭐가 뿌옇게 내려앉는 광경이 보였다. 이윽고 화면이 시꺼멓게 변했다.

"먼지로 뒤덮인 건가요?"

더스티 박사의 질문에 머천트 부장은 고개를 끄덕였다.

"아무래도 먼지 폭풍에 휘말려서 풀무치와 먼지가 한꺼번에 몰아친 것 같습니다."

"정말 어처구니없는 상황이네요. 여기는 원래 먼지 폭풍이 없는 곳 아닌가요?"

"그렇지요. 10년 동안 먼지 폭풍이 한 번도 일어나지 않은 곳을 찾아서 세운 거죠."

"일이 벌어지기 전에 우리에게 미리 경고를 했어야 하지 않나요?"

더스티 박사가 퉁명스레 내뱉자, 클라우드 박사가 대답했다.

"아마 이런 일이 벌어질 것이라고는 전혀 생각도 못했겠지요. 명색이 기후를 연구한다는 저도 몇 시간 전에 북서쪽으로 수십 킬로미터 떨어진 곳에서 뿌옇게 먼지 폭풍이 이는 위성 영상을 보고도 그냥 넘어갔으니까요. 여기로 들이닥칠 거라고는 정말 예상도 못했어요. 이곳은 산들바람조차 드문 지역이거든요."

잠시 침묵이 흘렀다. 머천트 부장은 바닥과 가까워서 유리가 수직으로 놓인 곳에 설치된 카메라로 화면을 돌렸다. 모래 먼지가 계속 휘몰아치고 있었다.

"자, 어떤 상황이 벌어지고 있는지 대강 아셨을 겁니다. 문제는 풀무치들이 딴 곳으로 날아갈 기미를 보이지 않는다는 겁니다. 아니, 딴 데로 날아갈 수가 없는 상황이라고 봐야겠지요. 화면을 보면 아시겠지만, 돔 유리 전체에 풀무치와 모래 먼지가 수북이 쌓이고 있어요. 카메라를 돌려보니 20센티미터 두께로 쌓여 있어요. 어떤 곳에는 50센티미터까지 덮여 있고요. 지금 풀무치들이 죽었는지 살았는지 잘 모르겠지만, 이대로 그냥 돔을 뒤덮은 채로 있다면 심각한 상황이 벌어질 수 있어요."

"어떤 일이 일어나는데요?"

남윤이 묻자, 보탄 박사가 대답했다.

"햇빛이 차단되는 게 가장 큰 문제지. 이 시설 자체가 햇빛이 잘 든다는 것을 전제로 해서 세워진 거니까. 햇빛이 차단되면 식물도 자라지 못하고 공기 순환도 안 돼. 식물들이 산소를 생산하지 못하고, 대신 산소를 소비할 거야. 그러면 산소 농도가 급격히 줄어들고 이산화탄소 농도가 급증하겠지. 심하면 우리 목숨도 위험해질 테고."

"으, 겁나라."

남윤이 몸을 떠는 시늉을 했다.

자윤은 머천트 부장에게 물었다.

"쌓인 걸 떨어내는 기능은 없나요?"

자윤은 돔 유리에 여러 가지 기능이 있다는 말이 생각나서 물었다.

머천트 부장은 입술을 깨물며 난감하다는 표정을 지었다.

"우리가 돔 유리를 설계할 때 여러 가지 문제를 고려한 것은 맞아. 그래서 표면에 먼지가 쌓이지 않게 하고 자체적으로 청소가 이루어지게끔 하는 기능을 넣었지."

"도마뱀붙이의 발바닥처럼요?"

자윤이 묻자 머천트 부장이 고개를 끄덕였다.

"잘 아는구나. 여러 연구자들이 달려들어서 수직 벽이나 천장을 자유롭게 다니는 도마뱀붙이의 발바닥과 연잎 표면의 나노 구조를 활용한 표면을 개발했어. 도마뱀붙이의 발바닥에는 눈에 안 보일 만치 가느다란 털이 수백만 개나 나 있어. 그런 털들을 이용해서 표면이 울퉁불퉁한 곳에도 얼마든지 달라붙을 수 있지. 그런 털이 많이 모이면 접착력이 아주 강해서 천장에 거꾸로 붙을 수도 있어. 연잎 표면도 전자 현미경으로 보면 미세한 돌기들이 빽빽하게 나 있어. 도마뱀붙이의 발바닥 털이나 연잎 표면의 돌기는 크기가 나노 단위야. 먼지나 물방울보다 훨씬 작아. 그래서 먼지나 물방울을 쉽게 떨어낼 수 있어. 연잎 표면에 떨어진 빗방울이 달라붙지 못하고 돌돌 굴러가는 것도 그 때문이야. 돔 유리에 그 원리를 이용한 덕에 지금까지 먼지로 햇빛이 차단되거나 하는 문제는 거의 없었지. 게다가 먼지 폭풍이 없는 곳을 골랐으니까. 지금까지 먼지가 쌓일 일도 별로 없었고. 그런데 저것들은 직접 쓸거나 떨어내야 한단 말이야."

"에이, 기다리면 누가 와서 쓸어 주겠지요. 그러지 않으면 실험을 계속할 수 없다는 걸 알 테니까요."

남윤이 태평하게 말하자, 부장은 절레절레 고개를 저었다.

"바로 그 실험 때문에 남이 쓸어 줄 수가 없단다. 어떤 상황에서도 무사히 생존할 수 있다는 것을 보여 줘야 하는데, 메뚜기를 쓸어 내겠다고 재단에서 사람을 보낸다고 해 봐. 이 실험은 실패라고 말하는 것밖에 안 돼. 겨우 두 주일 지났는데 말야."

모두 침묵에 잠겼다. 자윤은 어두컴컴한 창밖을 내다보았다. 메뚜기 떼와 모래 먼지가 위를 뒤덮고 있다는 것을 알아서 그런지, 공기가 무겁게 짓누르는 듯한 느낌이 들었다. 한편으로는 '내일이면 거의 다 딴 곳으로 날아가지 않을까?', '괜히 걱정하는 거 아니야?', '풀무치들이 굶은 채 그냥 여기서 버티고 있을 리가 없지 않을까?' 하는 생각도 들었다.

"자, 더 이야기를 나누어 봤자 별 뾰족한 수가 생기는 것도 아니니 오늘 회의는 여기서 마치도록 하지요. 내일은 강풍에 다 날아갈 거라고 믿고 싶습니다만, 일단은 상황을 지켜보는 수밖에 없겠습니다. 박사님들은 자기 분야의 측정 지표들을 주의해서 살펴보시고요."

자다가 눈을 뜬 자윤은 아직 창밖이 컴컴한 것을 보고서 다시 눈을 감았다.

"아, 참! 풀무치."

시계를 쳐다본 자윤은 깜짝 놀랐다.

"어머, 언제 여덟 시 반이 넘었지? 아침 식사 당번인데!"

자윤이 후닥닥 방문을 열고 나가자, 거실 소파에 아빠와 동생이 앉아 있었다.

아빠가 물었다.

"커피 한 잔 줄까?"

자윤이 고개를 저으면서 부엌으로 가려 하자, 남윤이 느긋한 태도로 놀리듯 말했다.

"누나, 갈 필요 없어. 이 멋진 동생이 벌써 식사를 다 준비해 놨거든. 누나 것도 여기 있어."

탁자 위에 반쯤 탄 달걀 토스트가 놓여 있었다.

'그래, 이것만도 감지덕지지.'

자윤은 이렇게 생각하며 소파에 털썩 앉아서 토스트를 한 입 베어 물었다.

"이왕이면 커피도."

"아까는 안 마신다며?"

남윤이 투덜거리며 부엌으로 갔다.

자윤은 아빠에게 물었다.

"그대로 덮여 있나 봐요?"

"그런 모양이다. 풀무치들도 그대로 있나 본데, 식사한 뒤에 함께 둘러보기로 하자."

셋은 전기 스쿠터를 타고 폐쇄된 입구 쪽으로 갔다. 아빠는 유리가 수직으로 서 있는 곳에 스쿠터를 세웠다. 돔 바깥에 햇빛이 환하게 비치고 있었다. 아빠는 유리에 확대경을 대고서 바깥에 있는 풀무치들을 자세히 관찰했다.

"나도 있지롱."

남윤이 배낭에서 볼록 렌즈가 달린 경통을 하나 꺼냈다. 자윤은 홱 낚아채서 먼저 눈을 들이댔다. 여러 곳을 살펴봤지만, 움직이는 풀무치는 한 마리도 없었다.

"아빠, 전부 죽었나 봐요."

자윤이 경통에서 눈을 떼자, 남윤이 인상을 쓰면서 경통을 가져갔다.

"내가 가져온 건데. 누나라서 한 번 봐준다."

남윤은 아빠처럼 경통을 유리에 대고 꼼꼼히 살펴보는 척했다. 바닥에 엎드리기도 하고 유리 틀에 까치발로 올라서기도 하는 등 온갖 자세를 잡으면서.

이윽고 남윤은 두 팔을 높이 치켜들면서 선언했다.

"유레카! 내가 한 가지 놀라운 사실을 발견했어."

"어유, 그래서요? 움직이는 녀석이라도 발견했니?"

"쯧쯧, 질투심에 눈이 멀다니! 남의 위대한 발견을 함께 기뻐해 줄 수는 없는 거야?"

"좋아, 말해 봐."

자윤이 째려보면서 말하자, 남윤은 턱을 쳐들면서 으스대는 태도를 취했다.

"내가 그늘에 있는 녀석들을 자세히 살펴봤더니, 모두 같은 특징이 있었어."

"뭔데?"

"온몸이 하얗게 서리로 뒤덮여 있다는 거지. 유레카!"

자윤은 남윤의 손에서 경통을 빼앗아 다시 살펴보았다.

"잘 관찰했구나. 아무래도 상황이 심각해진 것 같아. 자, 이제 돌아가자."

아빠가 남윤을 칭찬했다. 숙소로 가는 도중 자윤의 머릿속에는 조금 전의 상황이 계속 떠올랐다.

'조금만 더 꼼꼼히 관찰했으면 저 녀석보다 먼저 알아차릴 수 있었는데.'

사람들은 벌써 회의실에 모여 있었다. 아빠는 조금 전에 밝혀낸 사실을 이야기했다.

"밤사이 풀무치들이 다 얼어 죽은 것 같습니다. 모래 먼지도 그대로 덮여 있고요."

사람들이 웅성거렸다. 클라우드 박사는 태블릿 피시를 꺼내 자료를 살펴보더니 말했다.

"그러네요. 어젯밤 이 주변 기온이 섭씨 영하 35도까지 떨어졌어요. 날씨가 갑자기 왜 이렇게 변덕스러워졌지? 올해는 엘니뇨 현상이 좀 심할 거라고는 했지만……."

사람들이 서로 웅성웅성 이야기를 나누자, 머천트 부장은 손뼉을 쳐서 주의를 끌었다.

"자, 문제가 심각해졌군요. 지금 돔은 죽은 풀무치와 흙먼지로 20센티미터 두께가 넘게 싸여 있는 셈입니다. 회오리바람이라도 불어서 날아가 주지 않는 한, 우리는 어둠 속에서 생활할 수밖에 없어요. 불가항력적인 상황이네요. 어떻게 하면 좋을까요?"

머천트 부장이 물었지만, 아무도 대답하지 않았다. 회의실에는 침묵만 흐를 뿐이었다. 자윤은 진퇴양난이라고 생각했다.

'실험을 중단할 수도 없지만, 계속하기도 어렵지 않을까? 이 어두컴컴한 곳에서 얼마나 버틸 수 있을까?'

"전기 공급에는 문제가 없을까요?"

보탄 박사가 물었다.

"저도 그 점이 걱정돼서 아침에 살펴봤는데, 다행히 충전은 어느 정도 이루어지고 있었어요. 수직으로 서 있는 유리판들은 햇빛을 받을 테니까요. 적어도 우리가 생활하는 데는 지장이 없을 것 같습니다."

"그러면 뒤덮이지 않은 곳도 좀 있다는 거네요?"

더스티 박사가 묻자, 머천트 부장은 고개를 끄덕였다.

"네, 시설이 워낙 넓으니까요. 아니면 뒤덮인 모든 전지판에서 미약하게나마 충전이 이루어지는 것일 수도 있어요. 제가 전기 쪽은 잘 몰라서요."

자윤은 적어도 샤워는 할 수 있겠다고 생각하면서 속으로 한숨을 내쉬었다.

"하지만 전기보다 중요한 문제가 있지요. 변덕스러운 날씨 탓에 수십 년 만에 엄청난 폭풍이 불어서 모래 먼지로 뒤덮였다는 사실 말예요. 공교롭게도 엄청난 메뚜기 떼까지 함께 찾아왔고요."

보탄 박사의 말에 어른들은 모두 고개를 끄덕이면서 심각한 표정을 지었다. 갑자기 실내에 바깥 못지않게 어둠이 드리워지는 느낌이었다.

자윤은 어른들이 너무 심각하게 받아들이는 것이 아닐까 하는 생각이 들었다.

'아무리 바람이 안 드는 곳에 세웠다고 해도 이렇게 바람이 불었으니 다시 불지 않을까? 기후가 점점 더 변덕스러워지고 있으니까 말야. 작년에는 대기 이산화탄소 농도가 최고 기록을 갱신했다고 하고, 태풍이 더 강해졌고……. 기상 이변이 없는 해가 없었지. 작년 겨울에는 서울에 눈이 1미터나 쌓였다가 다음날 기온이 갑자기 영상 10도 넘게 오르는 바람에 물바다가 됐고. 그러니 여기에 다시 변덕스러운 기상 이변이 일어날 가능성도 얼마든지 있지 않겠어? 적어도 우리가 지내는 3개월 안에 일어나겠지.'

물론 그렇게 좋은 쪽으로 생각하려고 애써도, 한편으로는 자꾸만 불안했다.

'기상 이변이 다시 일어나지 않는다면? 동굴 속 원시인처럼 어두컴컴한 거대한 굴속에서 살아가야 하는 거 아냐? 어쨌든 손 놓고 기상 이변만 기다리는 건 좋은 태도가 아니야. 옛날 농부처럼 비가 오기를 기다리면서 마냥 하늘만 올려다보고 있으라고 여기 들여보낸 건 아닐 테니까. 하지만 이 안에서 바깥에 쌓인 저걸 없앨 방법이 없잖아? 창문을 열고 나가서 빗자루로 쓸어낸다면 모를까. 이거야말로 불가항력이지. 아, 괜히 여기 오자고 했어.'

자윤은 앞으로 두 달 반 동안 어둠 속에 갇혀 지내야 할지도 모른다고 생각하니 갑갑해졌고 온갖 생각이 머릿속을 스쳐 지나갔다. 그렇게 생각에 빠져 있을 때, 갑자기 남윤이 한마디 했다.

"저……, 회의 끝났으면 밖에 나가도 되나요?"

사람들의 시선이 모두 남윤에게 쏠렸다. 남윤은 괜히 말했나 하는 표정을 지었다.

"저, 여기서 아직 탐험하지 않은 곳이 많아서요. 오늘은 사바나에 가기로 계획했거든요."

"으이그, 분위기 파악 좀 해!"

자윤은 남윤의 머리를 꽉 쥐어박으면서 재빨리 눈치를 살폈다. 아빠는 저 골칫덩어리 하는 표정이었고, 머천트 부장은 웃어야 할지 화를 내야 할지 갈피를 잡지 못한 듯한 애매한 표정이었으며, 더스티 박사는 노골적으로 분노를 터뜨리기 직전이었다. 보탄 박사는 어처구니없다는 표정이었고, 텍스트러 씨는 입가에 웃음을 머금고 있었다.

그때 클라우드 박사가 킥킥 웃음을 터뜨렸다.

"와! 넌 정말 정곡을 찌르는구나. 남윤이 말이 맞아요. 우리는 이 상황을 너무 심각하게 받아들이고 있어요."

"그게 무슨 뜻입니까?"

더스티 박사가 물었다.

"이 시설을 왜 만들었는지 생각해 보세요. 그저 편안히 생활할 수 있는 곳임을 증명하려고 여기에 있는 것이 아니잖아요? 예기치 않은 상황에 놓였을 때 대처할 수 있는지, 어떻게 대처할지 알아보기 위해 이 실험을 하는 거잖아요. 뜻밖에 그런 기회가 왔는데 우리는 걱정만 하고 있네요. 하지만 오히려 기뻐하면서 실험에 참가할 때라고요."

자윤은 아차 싶었다. 전에 이 실험의 목적을 들었으면서도 그 생각을 못하다니. 다른 사람들 표정도 묘하게 바뀌었다.

"그렇지만 이건 정말 뜻밖의 사건이잖아요. 화성에서 과연 이런 일이 일어나겠어요?"

더스티 박사가 반박했다.

"물론 풀무치는 없겠지만, 풀무치를 좀 굵은 모래라고 생각해도 되지 않겠어요? 운석이 충돌하거나 엄청난 폭풍이 일어서 두께가 20센티미터를 넘는 먼지가 한꺼번에 쌓였다고 보면 되지 않을까요? 나노 구조 표면이 제거할 수 없는 수준으로요."

그 말을 듣고 아빠와 보탄 박사는 고개를 끄덕였다. 머천트 부장의 찌푸렸던 이마도 펴졌다.

"맞습니다. 실험의 목적을 잊고 있었네요. 저부터 죄송하다는 말씀을 드립니다. 그러면 이 위기를 기회로 바꿔 보도록 합시다. 일단 저 더께를 치우는 문제는 잠시 제쳐 놓고, 이 상황에서 이곳 환경에 어떤 변화가 생기는지를 먼저 조사하도록 하지요."

회의실을 나서면서 클라우드 박사는 남윤에게 눈을 찡긋했다.

"준비해, 사바나 탐사 대원. 10분 뒤에 보자."

"넵!"

남윤은 클라우드 박사에게 군인처럼 경례를 하고서 자윤에게로 뛰어왔다.

"어때, 이 천재의 활약이?"

그러자 아빠가 어이없다는 듯이 말했다.

"꿈보다 해몽이 좋구나."

자윤도 질세라 덧붙였다.

"네 머릿속에 실험 목적이 들어 있기나 하니? 소 뒷걸음질 치다 쥐 잡은 격이지."

"어허, 누나 모르는구나? 옛말에 모로 가도 서울만 가면 된다고 했어. 찍사, 10분 뒤래. 어서 준비해."

자윤은 뛰어가는 남윤의 뒤통수를 쩌려보았다.

"우아! 사자예요!"

풀이 웃자란 초원을 망원경으로 살펴보던 자윤은 깜짝 놀라서 저도 모르게 소리쳤다. 커다란 암사자가 풀 사이에 몸을 낮춘 채 앞을 노려보고 있었다. 10여 미터 앞에는 물소 떼가 풀을 뜯고 있었다.

"사자가 사냥하는 장면을 직접 보게 되다니!"

남윤이 흥분해서 말하는 순간, 사자가 앞으로 뛰쳐나갔다. 그런데 물소 떼는 동요하는 기색이 별로 없었다. 주변에서 돌아다니던 새끼들만 몇 마리 재빨리 무리 안쪽으로 쏙 들어갔다. 사자는 목표를 놓쳤는지 무리 옆까지 달려가다가 어정쩡한 자세로 멈춰 섰다.

"으이그, 멍청하긴!"

남윤이 안타깝다는 듯이 소리쳤다. 그러자 옆에 있던 클라우드 박사도 한숨을 쉬면서 말했다.

"또 실패군. 내가 일 년 넘게 지켜봤는데, 저 녀석은 한 번도 성공한 적이 없어."

"네? 그럼 뭘 먹고 살아요?"

자윤이 묻자 클라우드 박사는 인상을 찡그리며 대답했다.

"주로 쥐를 잡아먹지. 가끔 토끼도 잡긴 하지만."

"으으."

"아무래도 저 녀석은 야생에서 잡아 온 게 아니라 동물원에서 사 온 게 분명해. 사냥 실력이 너무 엉망이거든. 그래도 욕심은 있어서 계속 큰 동물을 노리고 있으니, 언젠가는 성공하겠지. 자, 더 돌아볼까?"

자윤은 가젤, 얼룩말, 기린, 영양 같은 동물들과 마주쳤다.

"동물이 정말 많네요."

"응. 여기는 주로 아프리카의 세렝게티 지역을 모방한 거야. 거기에는 몸집이 큰 포유동물이 70종 넘게 살고 있지. 여기도 그 정도 있을 거야. 물론 다른 지역 생물들도 들여왔지만. 아메리카에 있는 동물도 들여왔거든."

"면적에 비해 너무 많지 않나요?"

자윤의 말에 남윤이 콧방귀를 뀌었다.

"너무 많으면 알아서 줄어들겠지. 자연이 하는 일이 본래 그런 거잖아?"

"그렇지만 너무 많으면 생태계 자체가 불안정해진다고. 초식 동물이 너무 많다고 해 봐. 여기 있는 풀들이 남아나지 않을 거야. 그러면 동물들이 다 죽고 말걸?"

"설마 그때까지 육식 동물이 가만있겠어? 초식 동물 새끼들이 많아지면 저 멍청이 사자도 쉽게 잡을 수 있겠지. 사자도 잘 먹어서 새끼를 많이 낳을 거고. 그러면 초식 동물 수가 줄어들 거잖아."

"시간 차가 있지. 그러기 전에 풀들이 다 사라진다니까!"

"전염병이 돌 수도 있잖아! 수가 많아지면 전염병이 금방 퍼질 거야. 흡혈 파리인 체체파리, 참, 체체파리는 없다고 했지. 아무튼 파리와 모기가 더 빨리 늘어날 거잖아. 그래서 전염병이 더 빨리 돌 수 있어. 자연이 다 알아서 한다니까!"

"여기는 인공적으로 조성한 곳이잖아. 여기에 전염병이 돌 리가 있겠어?"

"맞아. 인공적으로 조성했지. 그러니까 초식 동물을 너무 많이 집어넣었을 리가 없잖아!"

자윤과 남윤은 서로 째려보았다. 그때 옆에서 지켜보고 있던 클라우드 박사가 빙긋 웃으면서 끼어들었다.

"자, 자, 그만. 너희들 정말 대단한걸."

"뭐가요?"

자윤이 여전히 동생을 째려보면서 퉁명스럽게 말하자, 남윤도 퉁명스럽게 내뱉었다.

"뭐긴 뭐겠어. 누나 성깔이지!"

자윤이 씩씩거리면서 다시 한마디 하려는 순간 클라우드 박사가 말리고 나섰다.

"그런 뜻이 아니란다. 너희가 하는 얘기가 대단하다는 거지. 방금 너희가 한 이야기들은 바로 우리가 이 시설을 조성할 때 고민하던 문제들이었어."

"정말요?"

남윤은 어느새 헤헤거리고 있었다. 자윤은 속으로 혀를 찼다.

'소갈머리 없는 녀석 같으니라고. 칭찬만 들으면 저 모양이라니. 하긴 고래도 칭찬해 주면 춤춘다니까.'

"우선 자윤의 말이 맞아. 면적과 종의 수는 관계가 있어. 정해진 면적에서 살아갈 수 있는 종의 수에는 한계가 있지."

자윤이 거봐 하는 표정을 짓자, 남윤이 툭 쏘았다.

"아유, 그건 뻔한 말이죠. 지구에 인구가 무한정 늘어날 수 없는 것과 다를 바 없잖아요. 이 시설도 사실은 지구에 인구가 너무 늘어나서 그것에 대비하기 위해 만든 거라던데요?"

"호, 그 얘기도 아는구나. 맞아, 처음에 재단을 세운 사람들 가운데 그런 생각을 한 이들도 있었어. 그때는 2100년까지 인구가 100억 명을 넘어설 거라고 예측했거든. 그러면 지구가 파탄 날 거라고 생각했고."

"하지만 지구 온난화로 곳곳에서 가뭄과 홍수 같은 기상 이변이 심해지고, 식량 부족과 물 부족도 심해져서 인구 증가 속도가 줄어들었지요."

남윤이 아는 척을 하자, 자윤도 질세라 한마디 했다.

"유엔과 각 나라가 적극적으로 산아 제한 정책에도 나섰고요."

"그렇지. 그래서 거의 20년이 지난 지금도 전 세계 인구는 여전히 70억 명 수준에서 유지되고 있어. 그렇지만 지구가 위기에 놓여서 이주한다는 생각이 좀 낡았다고 해도, 화성에 인류가 거주한다는 생각 자체는 매력적이잖아. 안 그래? 나도 나중에 꼭 살아 볼 거야."

"저도요!"

남윤이 신나서 소리칠 때, 자윤은 슬쩍 비꼬았다.

"고맙군. 내 말이 옳다고 인정해 줘서."

"무슨 소리야! 뻔한 말인데 뭘 인정해?"

둘이 다시 티격태격하려고 하자, 클라우드 박사가 손을 내저었다.

"자, 세상에는 뻔해 보이는 것이 많긴 하지만, 그게 정말로 그러한지를 증명하는 것이 바로 과학이 하는 일이지. 세상에는 겉으로 보이는 것과 다른 현상이 많이 있거든."

자윤은 남윤을 향해 턱을 쳐들면서 으스대는 표정을 지었다.

"내 전공은 아니다만, 설명을 하면 이래. 1960년대에 에드워드 윌슨과 대니얼 심벌로프라는 연구자들이 기발한 생각을 했어. '섬의 생물을 깡그리 없앤 다음, 그대로 놔두면 어떻게 될까?' 하는 거였지."

"당연히 바깥에서 생물들이 들어오겠죠."

남윤이 퉁명스럽게 대답했다.

"맞아. 너도 누나 못지않은걸."

다시 헤벌쭉하는 남윤을 흐뭇하게 바라보면서 클라우드 박사는 말을 이었다.

"그들은 진짜 섬 대신 해안에 있는 맹그로브를 골랐어. 맹그로브가 뭔지는 알지?"

남윤이 냉큼 대답했다.

"알죠. 동남아시아 해안 같은 곳에 뿌리를 박고 위로 쑥 솟아오르는 나무요. 마치 물 위에 떠 있는 것처럼 보이기도 하잖아요."

"그래. 연안 생태계를 풍부하게 유지하는 데 중요한 역할을 하지. 윌슨과 심벌로프는 연안에서 한 그루씩 크게 자란 맹그로브 나무도 섬과 똑같다고 생각했어. 그래서 맹그로브를 천막으로 통째로 다 가린 다음 살충제를 뿌려서 그 안에 살던 생물들을 모조리 없앴지."

"으, 그런 환경 파괴를 하다니."

"그렇지? 하지만 당시에는 그것이 환경 파괴라는 개념 자체가 없었어. 양어장을 만들기 위해 몇 킬로미터에 걸친 맹그로브 숲을 죄다 없애던 시절이었으니까. 아무튼 그들은 그런 다음 천막을 벗겼어. 그러자 바깥에서 생물들이 하나둘 그 안으로 들어왔지. 아무도 살지 않는 섬으로 이사를 한 거야. 그리고 재미난 현상을 확인했어. 섬의 면적이 넓을수록 들어와서 사는 종의 수가 더 많았어. 그렇게 해서 '섬 생물 지리학'이라는 학문이 탄생한 거지. 고립된 생태계에서 얼마나 많은 종이 살 수 있는지를 연구하는 학문이야."

"하지만 그건 섬 이야기잖아요."

남윤이 의아해하자, 자윤이 타박했다.

"으이그, 생각 좀 해. 고립되어 있으면 다 섬이지."

"맞아. 과학자들도 자윤이처럼 생각했지. 숲 한가운데에 빈터가 있으면 그것도 섬이고, 사막 한가운데에 있는 오아시스도 섬인 셈이야. 주변과 전혀 다른 생태계가 유지되는 곳이니까. 그런 섬의 생태계는 바깥에서 어떤 종이 들어오고 어떤 종이 죽어 사라지느냐에 따라 종의 수가 달라질 거야. 그리고 시간이 지나면 대체로 안정 상태로 유지되지."

"그렇지만 여기는 돔으로 둘러싸여 있어서, 바깥에서 종이 들어올 수가 없잖아요."

남윤이 의문을 제기하자, 클라우드 박사는 고개를 끄덕였다.

"생태학자들도 바로 그 점을 고심했지. 그래서 자윤이 관찰한 결과가 나온 거야. 즉 이곳의 면적에서 살아갈 수 있다고 예측한 종의 수보다 더 많이 집어넣은 거지."

"외부에서 새로 들어오는 종은 없어도, 죽어 사라지는 종은 있을 테니까요."

자윤이 말하자, 클라우드 박사는 다시 고개를 끄덕였다.

"그래. 사실 이곳에서 정확히 몇 종이 살아갈 수 있는지는 아무도 몰라. 살아갈 수 있는 종의 수는 면적뿐만 아니라 여러 요인에 따라 달라지거든. 같은 면적이라도 열대 우림에는 훨씬 더 많은 종이 살고 있어. 기후, 주변 환경, 고립 정도 등등 온갖 요인이 영향을 끼치지. 그래서 일단 예상한 수준보다 더 많이 넣고서 안정 상태에 이를 때까지 두고 보기로 결정했어. 아, 물론 자윤이 말한 것처럼, 사바나의 풀이 다 먹혀 사라질 정도까지는 아니야. 포식자도 적당히 들여놓았지. 그리고 종수를 늘린 대신 각종의 개체 수는 줄였어. 둘의 관계가 모호하긴 하지만 말이야."

"사바나와 숲을 오갈 수 있는 동물들도 있잖아요. 처음에 종을 적게 넣어도 되지 않았을까요? 숲에 있던 종이 들어오면 종의 수가 늘어날 수 있잖아요."

"누나, 집요하네."

자윤은 다시 남윤을 째려보았다.

"그 점도 골치 아픈 문제 가운데 하나야. 사실 섬 생물 지리학 이론이 나온 뒤에 큰 논쟁이 벌어졌어. 간단히 말하면, 종 다양성을 유지하는 데 넓은 초원 하나가 더 나을까, 작은 초원 여러 개가 더 나을까 하는 거였지."

"저는 넓은 초원 하나가 더 나을 것 같아요."

남윤이 말하자 클라우드 박사가 물었다.

"왜 그렇게 생각하지?"

"좁은 곳에서는 사자나 호랑이 같은 동물이 살 수 없잖아요."

"맞아. 상위 포식자는 넓은 영토가 필요해. 또한 그 영토 안에 숲도 있고 초원도 있고 하천도 있고 호수도 있어야 하지. 그래야 다양한 먹이들을 사냥하기에 좋거든."

"저는 작은 초원 여러 개가 더 나을 것 같아요."

자윤이 반대 의견을 냈다.

"누나, 그냥 반대하기 위해서 반대하는 건 안 좋은 태도야."

자윤은 남윤의 말을 무시하고서 자기 생각을 얘기했다.

"여러 개로 나누면 한 군데에서 동물들이 전염병이나 포식자에게 다 죽어도 다른 곳에서 다시 옮겨 올 수 있잖아요. 각 초원마다 서로 다른 종이 살 수도 있고요."

클라우드 박사는 다시 고개를 끄덕였다.

"그렇지, 그 말도 맞아."

"뭐예요? 이 말도 맞고 저 말도 맞다는 거예요?"

남윤이 투덜거리자, 클라우드 박사는 웃으며 말했다.

"그래, 사실 그 문제는 지금도 결론이 나지 않았어. 양쪽 다 맞는 부분들이 있으니까 말이야. 그래서 나라마다 생물 보전 구역을 설정할 때 자기 마음에 드는 쪽을 선택하는 경향이 있지. 인구가 우글거리는 작은 나라라면 어떻게 하겠어? 넓은 자연 보호 구역을 설정하는 것이 가능할까?"

자윤과 남윤은 고개를 저었다.

"사실상 불가능하지. 그래서 작게 여러 곳에 둘 수밖에 없어. 그리고 생물들이 옮겨 다닐 수 있도록 생태 통로를 만들어서 각 구역을 연결하면 더 좋아. 바다에도 이 개념을 적용하려는 사람들이 있어. 각 나라가 생물 종을 보전하는 해양 보호 구역을 정하고 그 구역들을 연결하면 해양 생물 다양성까지 보전할 수 있다는 거지. 고래 같은 거대한 동물도 말이야."

"파리와 쥐도 옮겨 다닐 수 있지요."

남윤이 심드렁하게 말했다.

"사소한 부작용은 있기 마련이야."

자윤이 반박하자, 남윤이 다시 말했다.

"사소하지 않지. 생태 통로에 그물을 쳐서 뱀 같은 동물을 다 잡기도 하잖아. 호랑이가 산다면 호랑이도 잡을걸? 넓은 곳 하나가 훨씬 낫지."

둘의 대화를 흥미롭게 지켜보던 클라우드 박사가 다시 끼어들었다.

"맞아. 크고 작은 문제점들이 있지. 하지만 어쩔 수 없는 일이야. 물론 남윤이 말한 것처럼, 사자 같은 대형 포식자가 사는 사바나라든가 드넓은 숲 자체가 기후를 조절하는 아마존 같은 열대 우림은 쪼개면 끝장날 거야. 그런 곳은 넓게 한 덩어리로 보전해야 해."

이야기를 나누면서 걷다 보니 듬성듬성 서 있는 나무들 사이로 거대하게 솟은 흙기둥들이 보였다.

"우아, 흰개미 탑이다!"

자윤과 남윤은 신이 나서 달려갔다. 자윤의 키보다 훨씬 높이 솟은 탑들도 있었다. 군데군데 흰개미들이 줄지어 돌아다니고 있었다.

"실제로 보니까 정말 크다! 얘네는 왜 이렇게 집을 높이 짓는 거지? 얘들도 전망이 좋은 곳에서 살고 싶은가 봐, 그렇지?"

남윤은 그렇게 말하면서 나뭇가지로 슬쩍 탑에 구멍을 내고 있었다. 자윤은 남윤의 손을 탁 때리면서 말했다.

"책 좀 읽어. 이건 그냥 환기탑이야. 흰개미는 저 꼭대기가 아니라 땅속에 살아."

"그래?"

그러면서 남윤은 신발로 흰개미 탑 바닥을 슬그머니 파헤치려다가 기어코 자윤에게 발을 밟히고 말았다.

"으, 누나. 이건 탐구 정신이라고."

"흰개미 집은 거대한 미로야. 탑 곳곳에 나 있는 미세한 통로들로 공기가 빨려 들어가서 탑 위쪽으로 빠져나간대. 그러면서 온도도 조절되고 산소와 이산화탄소 농도도 조절되는 거래."

"호, 잘 아는구나. 사실 흰개미 탑 원리를 돔에 적용할 생각도 했었대. 돔 골조에 미세한 구멍과 통로를 가득 내서 미로처럼 연결하는 거지. 그렇게 해서 돔 온도를 자동으로 조절하는 거야. 하지만 화성 대기에 적용하려고 하니, 재료도 그렇고 고려할 사항도 많고 너무 복잡해져서……."

"구멍이랑 통로는 어떻게 뚫는데요? 흰개미를 쓸 수는 없잖아요?"

자윤이 묻자, 클라우드 박사는 남윤처럼 흰개미 탑에 손가락으로 구멍을 뚫으면서 대답했다.

"이렇게 뚫으면 안 되겠지? 아, 인상 쓰지 마. 이렇게 가끔 흰개미들의 에너지를 소모시켜야 한다니까. 개미핥기의 수가 아직 적어서 얘들이 너무 불어나고 있거든. 사실은 나노 로봇을 이용해서 구멍이 송송 난 골조를 만들 생각을 했지. 어, 저기 잎꾼개미도 있네!"

작게 자른 잎을 든 개미들이 줄지어 지나가고 있었다. 마치 땅 위로 초록색 나비들이 팔랑거리며 가는 듯했다. 따라가니 흙이 한 무더기 튀어나온 곳에 구멍이 보였다.

"어? 이 나무는 개미집에서 자란 것 같아요."

남윤이 그중 한 흙무더기 위로 솟아난 줄기를 흔들며 말하자, 자윤은 남윤의 손을 탁 치면서 설명했다.

"이 무식아! 잎꾼개미는 나뭇잎을 잘라 안으로 가져가서 곰팡이를 키워. 흰개미는 식물을 먹어서 소화할 수 있지만, 잎꾼개미는 그러지 못하거든. 그런데 가끔 나뭇잎이 아니라 씨도 가져가서 나뭇잎과 함께 쌓아. 그 씨가 싹을 틔워 자라면서 개미집 지붕을 뚫고 밖으로 나오는 거야."

"그러면 안 좋잖아?"

"으이그, 왜 안 좋겠어? 그 나무의 잎을 따서 다시 곰팡이를 키우는 거지."

"와, 정말 잘 아는구나."

클라우드 박사가 자윤을 추어올리자, 남윤은 입술을 삐죽 내밀었다.

"이 잎꾼개미의 세계는 지구 생태계의 축소판과 같아. 생산자, 소비자, 분해자가 한데 어울려 각자 자기 역할을 맡아서 하고 있지. 더욱이 분해자가 분해한 양분이 다시 새로운 생산자를 생산하는 데 쓰이니까, 순환이 꾸준히 이루어지고."

클라우드 박사의 말에 자윤이 동의했다.

"맞아요. 우리도 쟤들한테 배워야 해요. 그러면 자원도 낭비하지 않고 쓰레기도 남기지 않을 텐데요."

그러자 남윤이 옆에서 쏘아붙였다.

"누나, 그건 너무 낭만적인 생각이라고. 쟤들이 낭비하는지 안하는지 어떻게 알아? 나뭇잎을 그냥 되는대로 잘라서 쌓아 놓는 건지도 모르잖아. 그걸 분해하면서 곰팡이가 마구 번식하고, 잎꾼개미도 불어나는 거야. 불어난 개미들이 잎을 잘라 내서 주변의 나무들도 다 죽는 거지. 그러면 개미핥기들이 알아차리고 갑자기 들이닥쳐서 개미들을 잡아먹는 거야. 개미 수가 크게 줄어들고 나면 식물들이 다시 불어나기 시작할 테고, 그러면 다시 잎꾼개미도 불어나는 거지. 어때?"

자윤이 아무 대꾸도 못하자, 클라우드 박사가 감탄하는 시늉을 했다.

"호, 대단한걸! 너희 아빠도 놀라시겠다."

"제 말이 맞죠?"

"글쎄다⋯⋯. 먼저 고려할 점이 있는데, 자연을 의인화할 때는 주의할 필요가 있다는 거야. 우리는 미래를 내다보면서 계획을 세우지만, 자연의 동식물들은 그렇지 않거든. 사람에게 빗대어 말하자면, 오로지 현재의 자기 삶에 충실한 거지. 그래서 네 말대로 풍족한 환경에서는 걷잡을 수 없이 수가 불어날 수도 있어. 레밍이 그렇다잖아. 먹이가 풍족한 해에 수가 엄청나게 불어났다가 결국 먹이가 부족해져서 집단으로 이주하다 절벽에서 대량으로 떨어져 죽는 현상이 주기적으로 나타날 수도 있지. 걷잡을 수 없이 불어나다가는 결국 자기 환경의 한계를 넘어서게 되어 자멸하기 마련이야. 그렇지만 자연에서 생물들이 살아가는 방식이 본래 그런 거라고 생각해야 해. 낭비니 절약이니 하는 인간의 관점을 취하면 그런 사례들이 어처구니없어 보일 수도 있지만, 그것 또한 자연이 스스로를 조절하는 한 방식이거든."

클라우드 박사는 이마에 송골송골 맺힌 땀을 닦아 내면서 걸음을 옮겼다.

"또 한 가지 생각할 점은, 자연의 순환을 말할 때는 포식자도 함께 생각해야 한다는 거야. 1차 소비자뿐만 아니라 2차 소비자, 3차 소비자 등도 함께 생각해야 해."

"개미핥기가 잎꾼개미의 세계 바깥에서 갑자기 쳐들어오는 악당이 아니라, 원래 그 세계의 일부라는 말씀이야."

자윤이 아는 척 부연 설명을 하자, 남윤은 "흥!" 하면서 혀를 내밀었다.

"그렇지. 레밍 같은 사례도 있는 반면, 포식자가 계속 잡아먹기 때문에 수가 하염없이 불어나지 않는 종도 있어. 포식자와 그 포식자를 잡아먹는 더 상위 포식자, 그들이 남긴 찌꺼기를 먹는 동물, 또 다른 분해자 등등을 다 고려해서 살펴보면, 자연에는 자원 낭비도 쓰레기 생산도 없다고 할 수 있지 않을까? 집단 자살한 레밍의 사체도 다른 어떤 생물들이 먹어 치우거나 분해할 거고, 그러면 다시 식물의 양분이 되겠지. 전체적으로 보면 모든 것이 순환한다고 할 수 있어. 지구 전체가 그렇지."

"그런데 인간은 너무 많이 불어났잖아요."

남윤이 말하자, 클라우드 박사는 고개를 끄덕였다.

"그래, 인류는 뛰어난 능력으로 자신의 포식자를 다 없앴으니까. 하지만 세균과 바이러스에는 아직도 취약하잖아? 그래서 엄청난 전염병이 돌아서 인구가 크게 줄 것이라는 말도 계속 나오는 거야. 물론 전염병 예측과 백신 개발 기술이 발달한 덕분에 그런 일이 일어날 가능성이 줄어들긴 했지만, 그래도 일어날 거라고 보는 사람들도 있지."

어느새 사바나 끝까지 이르렀다. 풀밭 쪽으로 뻗어 나오고 있는 덤불들이 보였다.

"없애 버릴까요?"

남윤이 덤불을 잡아 뜯는 시늉을 하면서 물었다. 그러자 클라우드 박사는 덤불 하나를 우두둑 뜯어 내던지면서 말했다.

"뭐, 이런 개입 정도야 상관없겠지. 사실 나는 이 시설에 인간의 간섭이 좀 필요하다고 보는 쪽이야. 재단이 화성에 세우려는 시설에는 5만에서 10만 명의 인구가 살 거야. 그들이 이런 자연환경에 전혀 손대지 않고 산다는 건 불가능하겠지. 하지만 그러지 말아야 한다는 이들도 많아. 적어도 인공 자연이 안정을 이룰 때까지는 그냥 내버려 둬야 한다는 거지."

"그러다가 전염병이 돌아서 동물들이 싹 죽으면요?"

남윤이 물었다. 자윤은 끈질긴 녀석이라고 생각했다.

"이 시설에는 전염병이 돌지 않게 했어. 물론 전염병을 완전히 통제할 수는 없지만, 최대한 애썼지. 생태학자들은 환경 교란, 인간에게 끼칠 영향 등 여러 가지 이유를 들었지만, 내가 보기에는 이유가 뻔해. 저 물소 떼가 전염병으로 죽는다고 해 봐. 수백 마리가 썩어 가면서 내는 악취와 들끓는 파리, 쥐 같은 것을 떠올려봐. 아마 사람들은 이 시설이 엉망이라고 생각할 거야. 누가 들어와 살고 싶겠냐고."

자윤은 수많은 물소 떼가 썩어 가는 광경을 떠올리면서 진저리를 쳤다.

"더 중요한 것은 우리가 여전히 잘 모른다는 거야. 생물들이 어떻게 서로 관계를 맺고 있고, 지구의 물질들이 어떻게 순환하고, 대기와 바다와 육지가 어떻게 상호 작용을 하는지 연구하면 할수록 점점 더 복잡해지고 어려워지기만 하지. 옛날에 잘 모르던 시절에는 당장이라도 다 알아낼 것처럼 큰소리를 치곤 했지만, 지금은 겸손해졌다고나 할까. 이렇게 조성해 놓긴 했지만, 과연 이 안에서 생물들과 환경이 어떤 상호 작용을 하면서 어떻게 변해 갈지는 사실 아무도 모르는 거지. 물론 지금은 저 바깥에서 벌어진 일이 더 큰 문제이긴 하지만."

섬 생물 지리학과 도시의 생태 통로

정현종 시인의 시구절 "사람들 사이에 섬이 있다 / 그 섬에 가고 싶다"처럼, 섬은 문학에서 비유적인 의미로 널리 쓰인다. 고독을 상징하기도 하고, 도달할 수 없는 이상향을 뜻하기도 한다.

섬 생물 지리학은 본래 바다에 있는 실제 섬의 생물상 변화를 연구하는 학문이었다. 그런데 과학자들은 섬 생물 지리학에서 말하는 섬을 문학에서처럼 비유적인 의미로도 쓸 수 있다는 것을 알아차렸다. 섬은 면적이 한정되어 있고, 거리에 따라 차이가 있지만 육지와 어느 정도 떨어진 공간이다. 과학자들은 어떤 생태계든 간에 같은 특징을 띠는 곳은 섬으로 볼 수 있지 않을까 생각했다.

사막 한가운데에 있는 오아시스도, 넓은 활엽수림 중앙의 바위산에 자리한 소나무 숲도, 밀림 한가운데에 숨은 작은 연못도, 심지어 아프리카 초원에 군데군데 자라는 커다란 나무 한 그루 한 그루도 섬이라고 볼 수 있다. 그런 섬에는 주변을 에워싼 생태계에는 없는 생물 종이 살곤 한다. 멀리서 바람에 날려 오거나 새의 깃털에 붙어 온 씨앗에서 자란 나무, 길을 잃고 헤매다가 들어온 설치류, 폭우가 내릴 때 생긴 물길을 타고 들어온 물고기 등이 그렇다. 다른 바위산이나 연못이 더 가까이에 있을수록 그 바위산이나 연못에 종이 들어오고 생태계가 유지될 가능성은 더 높아진다. 반대로 비슷한 생태계가 멀리 떨어져 있고 면적이 좁을수록 종을 새로 공급받기가 어려워지고 사라질 가능성도 더 높다.

학자들은 이 비유적인 의미의 섬 개념이 도시 계획이나 환경 보전 계획을 세우는 데에도 쓸모가 많다는 점을 깨달았다. 예컨대 건물 옥상, 지붕, 도로변, 자투리 공간 같은 곳에 식물을 심으면 동식물들이 옮겨 다닐 수 있다. 그러면 도시에서도 생물 다양성이 유지될 가능성이 높아진다. 그렇게 도시에 조성한 식생 공간을 비오톱(공동 서식처)이라고 한다.

    사실 먼 옛날에는 마을이나 도시 자체가 섬이었다. 인구가 훨씬 적던 시기에 도시는 자연 생태계와 농경지에 에워싸인 섬이었다. 사람들은 도시라는 섬이 고립되어 쇠락하지 않도록 길을 내어 다른 도시와 연결했다. 그러면 도시 사이에 물자와 사람이 오갔고, 교류가 활발해질수록 도시는 활기를 띠면서 문화와 다양성의 중심지가 되었다.

    세월이 흘러 문명이 발달하고 인구가 늘면서 작은 도시들은 점점 커졌으며, 더 나아가 대도시권을 이루었다. 지금은 도로와 철도 등으로 연결되지 않은 도시를 찾아보기가 어렵다. 그러면서 주변 생태계와 단절된 녹색의 섬이 도시 안에 생겨났다. 도심의 작은 공원, 뒤뜰이나 옥상의 채마밭, 베란다에 놓은 화분, 길가의 가로수와 녹지대가 바로 그런 섬이다.

    연구자들은 생물들이 오갈 수 있도록 이 섬들을 가깝게 배치하거나 그 사이에 생태 통로를 조성하면, 섬의 면적이 늘어나는 효과가 생기면서 녹색 섬이 활기를 띠고 도시에 많은 동식물이 들어와서 살 수 있지 않을까 생각한다. 도시 속에 섬 생물 지리학 개념을 적용한 사례다.

지속되는 어둠

자윤과 남윤은 숲, 사막, 호수, 바다를 신나게 돌아다녔다. 남윤은 원하던 대로 호수와 바다에서 낚시도 했다. 잔챙이만 몇 마리 낚았을 뿐이지만. 그러는 사이에 상황은 점점 심각해지고 있었다. 돔을 뒤덮은 흙먼지 더께는 도무지 걷힐 기미가 보이지 않았다. 어느덧 2주일이 지나갔다.

"무슨 말이죠? 제한 충전이라뇨?"

머천트 부장은 잘 모르겠다는 표정을 지었다. 보탄 박사는 다시 설명했다.

"아시다시피 현재 돔 안으로 들어오는 광량은 아주 적어요. 지금까지 식물들은 그럭저럭 버텨 왔지만, 이제 한계에 이른 듯해요. 온대림 바닥에 낙엽이 수북이 쌓이고, 열대 우림에서도 식물들이 썩어 가고 있어요. 식물들이 죽어 가는 거예요. 반면에 햇빛이 적어서 생장 속도는 무척 더뎌요. 이렇게 광합성이 부족한 상황이 지속된다면 곧 엄청난 일이 벌어질 거예요."

클라우드 박사가 말을 이었다.

"지난 두 주 동안 기온과 대기 조성 변화를 살펴봤더니, 흙먼지와 메뚜기가 온실의 보온 덮개 역할을 하고 있어요. 그래서 기온이 계속 오르고 있어요. 벌써 평균 기온이 섭씨 1.3도 올랐어요. 밤 기온만 따지면 섭씨 2.5도나 올랐고요. 또 대기 산소 농도는 21퍼센트에서 20.7퍼센트로 줄었고, 이산화탄소 농도는 220피피엠에서 230피피엠으로 올라갔어요. 아직은 견딜 수 있는 수준이지만, 문제는 지난 이틀 사이에 변화 속도가 빨라졌다는 겁니다. 이대로 놔두면 기온과 돔 내부 환경이 급격히 변할지도 몰라요."

머천트 부장은 고개를 끄덕이면서 더스티 박사를 돌아보았다. 더스티 박사는 헛기침을 하면서 말했다.

"제가 측정한 자료들도 마찬가지입니다. 모두 아시다시피, 바이오스피어2에서는 토양에 섞은 퇴비 때문에 실험이 실패할 뻔했지요. 아니, 사실상 실패한 거나 다름없었죠. 토양에 퇴비를 너무 많이 섞은 바람에, 토양 미생물들이 퇴비를 분해하면서 왕성하게 증식했지요. 그러면서 산소를 엄청나게 소모한 탓에 대기 산소 농도가 거의 16퍼센트로 떨어졌고요. 사람들은 산소가 부족해서 고산병에 걸린 것과 같은 증상을 보였습니다. 그래서 이 시설에서는 그 점에 신경을 아주 많이 써서 토양을 조성했거든요. 그런데 지금 숲의 토양에서 비슷한 일이 벌어지려는 징후가 보이기 시작했어요. 유기물이 계속 쌓이면서 분해되고 있는

데, 식물들이 광합성을 못해서 양분을 흡수하지 않으니까요. 곧 토양 미생물이 왕성하게 증식할 가능성이 높습니다."

설명이 이어지는 동안 지루해하던 남윤이 입을 열었다.

"그런데 그게 제한 충전과 무슨 관계가 있어요?"

자윤이 '얘는 정말 참을성이라고는 전혀 없어.' 하고 생각할 때, 머천트 부장도 말했다.

"저도 그 질문을 하려던 참이었습니다. 무슨 관계가 있나요?"

보탄 박사가 대답했다.

"태양 전지의 충전이나 식물의 광합성이나 기본 원리는 같거든요. 햇빛에 든 에너지를 전환하는 거죠. 태양 전지는 그 에너지를 전기로 바꾸고 광합성은 유기 물질에 저장한다는 점만 다를 뿐이에요. 그런데 지금 돔으로 들어올 얼마 안 되는 태양 에너지를 유리에 있는 태양 전지가 거의 다 차단하고 있어요. 그래서 광합성을 할 햇빛이 더욱 모자라는 거예요. 태양 전지의 충전율을 낮추거나 충전 시간을 제한해서 태양 에너지를 식물이 쓸 수 있게 하면, 상황이 악화하는 속도를 조금 줄일 수 있지 않을까 해서요."

머천트 부장은 잠시 생각하다가 물었다.

"그렇게 하면 광합성에 돌아가는 태양 에너지가 얼마나 될까요?"

"글쎄요. 우리도 모르죠. 하지만 그렇게라도 해야 그나마 낫지 않을까요? 적어도 현재로서는 우리가 취할 수 있는 대책이 그것뿐이니까요."

그때 자그맣게 목소리가 들렸다.

"저……, 제가 말해도 될까요?"

덱스트러 씨였다. 머천트 부장이 고개를 끄덕였다.

"제가 전기 설비도 좀 설치해 봐서 말씀드리는데, 지금 우리가 쓰는 전력은 얼마 안 돼요. 이 주거 구역을 가동하고 시설 전체의 카메라와 측정 장비를 작동시키는 데 쓰는 것이 전부예요. 그래서 계속 완전 충전이 이루어지고 있는 상태예요. 각 전지판에서 충전하는 양은 얼마 안 되지만, 전지판이 워낙 많으니까요."

"그러면 제한 충전을 해도 된다는 거지요?"

머천트 부장이 물었다.

"네. 그리고 충전된 전기는 각 구역의 지하에 있는 축전지에 저장되는데, 축전지 용량이 아주 커요. 지금 우리가 쓰는 수준으로 보면 일주일 정도는 충전하지 않아도 될 것 같아요. 로봇과 자동화 설비까지 멈추면 한 달까지도 가능해요."

머천트 부장은 감탄했다는 표정으로 덱스트러 씨를 보았다.

"이거, 만물박사가 계셨다는 것을 우리가 미처 몰랐군요. 그럼 태양 전지판 작동을 멈추는 방법도 아시겠네요?"

덱스트러 씨는 고개를 끄덕였다. 그때 클라우드 박사가 말했다.

"참, 생각해 보니 다른 구역의 태양 전지판들은 그냥 차단만 해 놓은 상태군요. 기후 모델에 맞춰서 유리 투명도를 조절한 상태인데, 투명도를 더 높일 수 있을지도 모르겠어요. 어차피 지금은 기후 모델대로 되지 않고 있으니까, 투명도를 조절해도 괜찮을 것 같습니다."

"그러면 더 밝아지겠군요. 당장 그렇게 해 주세요."

덱스트러 씨는 클라우드 박사와 함께 지하실로 향했다. 잠시 뒤 창밖을 내다보고 있던 자윤은 왠지 돔이 조금 밝아진 것 같은 느낌이 들었다.

"얘, 조금 밝아진 것 같지?"

남윤은 심드렁하니 대꾸했다.

"글쎄, 잘 모르겠는데."

"넌 무조건 반대를 하는구나. 반대를 위해 반대하는 건 나쁜 태도야."

잠시 뒤 덱스트러 씨가 돌아와서 전지판을 차단했다고 보고하자, 머천트 부장이 사람들에게 말했다.

"자, 그러면 며칠 효과를 지켜봐야겠군요. 박사님들은 다시 수고해 주시고요. 그러면 오늘 회의는 이만⋯⋯."

그때 더스티 박사가 손을 들었다.

"광합성이 조금 늘어난다고 해도 이건 임시 조치에 불과합니다. 이 상태로 간다면 대기 산소 농도가 줄어들고 이산화탄소 농도가 늘어날 게 뻔해요. 그뿐이 아니지요. 현실을 똑바로 봐야합니다. 지금 상황이 바이오스피어2 실험 때보다도 훨씬 더 심각해요. 그때는 그저 대기 조성만 달라졌을 뿐 광합성은 제대로 이루어지고 있었지만, 지금은 달라요. 광합성 자체가 이루어지기 어려워서 산소를 더 생산할 수가 없어요. 게다가 이산화탄소 흡수량이 적은 건축 재료를 썼기 때문에, 늘어나는 이산화탄소는 고스란히 남아 있을 겁니다. 얼마큼은 바다와 호수에 흡수될 거고, 그러면 물이 산성화하겠지요. 산호초와 연체동물 껍데기가 녹아내릴 거고, 물고기들도 떼죽음당할 거예요. 또 대기 이산화탄소와 저 흙먼지 더께가 돔 안의 기온을 높이고 있어요. 이런 상황이라면 머지않아 식물이 다 죽어서 썩을 거예요. 자칫하면 이 시설 전체가 생물들의 무덤이 될 수 있어요. 이건 심각한 문제입니다. 지금이라도 재단에 연락을 취해야 해요. 실험을 중단하든지 흙먼지를 닦어내든지, 결정해야 한다고요!"

"하지만 그러면 실험이 실패했다는 것을 인정하는 꼴이 돼요. 후원자들이 다 떨어져 나가서 파산할 수도 있어요!"

머천트 부장이 고개를 젓자, 더스티 박사는 목소리를 높였다.

"뒷일은 재단이 알아서 하겠지요. 무슨 수를 써서든 후원자가 떨어져 나가지 않게 하겠지요. 아니면 남몰래 저것들을 치우거나요. 이 실험을 계속한다고 생각해 봐요. 저 숲이 다 죽으면, 어떻게 다시 조성할 거죠? 쓰레기를 다 치우고 다시 심고 하려면 적어도 10년은 걸릴 거예요. 썩은 바닷물도 다 정화해야 하고요. 실험을 중단하는 편이 재단에도 더 나을 거라는 말입니다."

머천트 부장은 곤혹스러운 표정으로 사람들을 둘러보았다.

"다른 분들은 어떻게 생각하십니까?"

다들 말이 없었다.

자윤은 클라우드 박사에게 속삭였다.

"그래도 이산화탄소 대책은 마련하지 않았어요?"

"그래, 바다의 식물성 플랑크톤."

자윤이 고개를 갸웃하자, 클라우드 박사가 설명했다.

"아마존 열대 우림이 얼마나 중요한지 알지?"

"에이, 그것도 모를까 봐요. 지구의 허파잖아요. 광합성을 해서 산소를 내뿜죠."

남윤이 그 정도쯤이야 하는 투로 대꾸했다.

"맞아. 하지만 식물성 플랑크톤이 생산하는 산소가 더 많아."

자윤은 고개를 끄덕였고, 남윤은 고개를 갸웃거리며 자윤을 바라보았다.

"식물성 플랑크톤은 대기 산소의 3분의 1에서 절반까지도 생산해. 물론 육상 생물이 없던 옛날에는 100퍼센트 다 생산했고. 식물성 플랑크톤이 산소를 뿜어내지 않았다면 우리도 없었어."

자윤이 그쯤은 상식이라는 듯이 말하자, 남윤은 입을 삐죽거렸다.

"잘 아는구나. 그래서 이 시설을 설계할 때 식물성 플랑크톤의 광합성 비율을 40퍼센트로 맞추었어."

그때 옆에서 듣고 있던 더스티 박사가 퉁명스럽게 말했다.

"그렇지만 햇빛을 받지 못하면 육상 식물보다 식물성 플랑크톤이 먼저 피해를 입을 수도 있어. 또 식물성 플랑크톤은 산소만 만드는 게 아니야. 해양 먹이 사슬의 토대이기도 하지. 식물성 플랑크톤이 사라지면 그것을 먹는 동물성 플랑크톤도 사라지고, 동물성 플랑크톤을 먹고 사는 물고기들도 사라지고, 상어 같은 포식자도 사라질 거야. 그러면 바다가 먼저 죽겠지."

잠자코 있던 머천트 부장이 다시 입을 열었다.

"더스티 박사님 말도 일리가 있습니다만, 제가 보기에 실험 중단을 논의하기에는 아직 이른 것 같습니다. 햇빛 부족으로 광합성이 줄어들긴 했어도, 아직 심각한 문제가 생겼다고 보기는 어렵거든요."

그러자 더스티 박사가 핏대를 올리면서 반박했다.

"그건 너무 안이한 생각이에요. 지구 온난화 같은 기후 변화 사례들에서 배운 교훈이 있잖아요. 기후계든 생태계든 무척 복잡하기 때문에 쉽게 생각해서는 안 된다고요. 변화가 실제로 일어날 때까지 기다리다가는 너무 늦는다니까요. 변화의 징후가 나타났을 때 조치를 취해야 해요."

"아직 그런 징후가 나타난 것은 아니지 않습니까?"

"무슨 말입니까? 방금 박사님들이 말했잖아요. 측정값이 며칠 사이에 급변하는 조짐을 보이고 있다고요. 그게 바로 징후라고요. 지금 재단에 상황을 설명해도 시간이 걸릴 게 뻔해요. 이사회를 열어서 논의하고 전문가들의 의견도 듣고 후원자들을 설득하고 어쩌고 하는 데 적어도 열흘은 걸리겠지요. 지금 말해야 한다고요."

"그렇지만 외부 상황이 어떻게 변할지 모르잖아요? 내일이라도 돌풍이 불거나 비가 내려서 쌓인 것이 다 날아가거나 씻겨 내려갈 수도 있고요."

"돔이 뒤덮인 사건이 기상 이변 때문에 일어났다고 해서 또 다른 기상 이변을 바란다는 것은 말이 안 되죠. 말 그대로 예상할 수 없기 때문에 이변인 거잖아요. 그렇게 요행만 바라다가 몇 주 동안 돌풍이 전혀 불지 않으면, 이 시설 전체가 말 그대로 쓰레기더미가 되는 거라고요!"

"지금 더스티 박사님은 너무 부정적으로만 생각하는 것 같습니다. 이런 문제가 생겼을 때는 포기할 게 아니라 어떻게 하면 해결할 수 있을지부터 생각해야 하지 않을까요? 우리는 아직 이 문제를 제대로 논의한 적도 없지 않습니까?"

"논의는 하나 마나 한 거 아닙니까? 이 문제는 안에서 해결할 수 없는 거잖아요. 머천트 부장님이 말한 대로 돌풍이 불든 비가 내리든 아니면 쓸어 내리든 간에 밖에서나 해결이 가능한 거죠. 이 안에서 왈가왈부해 봤자 시간만 낭비할 뿐입니다."

"그건 너무 비관적인 태도예요. 좀 심하게 표현하자면, 우리가 지금까지 해 온 노력을 무시하는 거나 다를 바 없어요. 이 시설이 어디 결과를 내놓기 위한 겁니까? 문제를 겪으면서 헤쳐 나가는 과정 자체가 중요한 거지, 무사히 살고 나왔다고 한마디 하려고 여기 들어온 건 아니지요."

"그러나 불가항력적인 상황이라는 게 있지 않습니까? 실험을 중단하는 것과 시설 전체가 망가지는 것 중 어느 쪽이 더 피해가 크겠어요? 관리자 처지에서는 그 점을 생각해야죠. 실험을 재개하기는 쉽지만, 시설을 다시 조성하기는 쉽지 않습니다!"

더스티 박사와 머천트 부장의 목소리가 점점 높아지자, 아빠가 끼어들었다.

"자, 자, 두 분 다 진정하세요. 두 분 말에 다 맞는 측면이 있어요. 하지만 실험 중단 여부를 지금 당장 논의하기는 어렵지요. 더구나 외부와 통화할 방법도 없고요."

"문제가 생겼으니 시설 바깥에 관계자가 와 있지 않을까요? 그러면 손짓으로라도 의사소통을 할 수 있을 텐데요."

자윤이 묻자 머천트 부장은 고개를 저었다.

"실험이 시작되면 관계자가 근처에 접근하지 못하게 되어 있어. 안에서 생활하는 사람들이 문을 열고 싶은 유혹에 빠지기 쉽거든. 또 이 안이 아무리 넓다고 해도, 밖에서 돌아다니는 사람들을 보면 갇혀 있다는 생각을 하게 될 수도 있으니까. 그러면 폐소공포증이 생길 수 있고. 바이오스피어2 실험에서도 그 문제가 터져 나올까 싶어 조마조마했지. 꼼짝없이 갇혀 있다는 생각만으로도 사람은 망가질 수 있어. 그래서 실험이 끝날 무렵에야 올 수 있게 했지.”

“바로 그런 상황이 닥치기 전에 당장 실험을 중단해야 한다니까요!”

더스티 박사가 다시 언성을 높이자, 아빠는 차분하게 말했다.

“자, 실험 중단 여부도 우리가 결정할 사항은 아니지요. 어쨌든 지금 해야 할 일은 통신 시설을 복구하는 것이겠네요. 바깥에서는 이 상황을 얼마나 심각하게 보는지도 알아야 할 테니까요. 복구가 가능할까요?”

머천트 부장은 기대하는 표정으로 덱스트러 씨를 바라보았다.

“글쎄요, 아직 자세히 살펴보지 않아서……. 살펴본 뒤에 말씀드리죠.”

아빠는 고개를 끄덕이고서, 사람들을 둘러보았다.

“자, 그동안 우리는 이 상황을 어떻게 타개할지 논의하는 편이 좋겠어요. 흙먼지가 돔 위에 쌓인 것이긴 하지만, 이 안에서 어떻게 해결할 방법도 있지 않을까요?”

“해결할 방법이 뭐가 있겠어요?”

더스티 박사가 여전히 부정적인 투로 말할 때, 클라우드 박사가 입을 열었다.

“우리가 그 문제의 해결 방안을 정식으로 논의한 적은 한 번도 없었지요. 어쨌든 논의할 필요가 있다는 점에는 저도 동의합니다. 해결 가능한지 불가능한지까지도 논의할 수 있겠지요. 그리고 지금 태양 전지판을 껐으니까, 일단 그 효과도 살펴봐야 하지 않을까요?"

"그 점에는 저도 찬성입니다. 광합성에 얼마나 변화가 일어나는지 조사할 필요가 있어요. 대기 산소와 이산화탄소의 농도 변화도요. 거꾸로 생각하면 오히려 새로운 자료를 얻을 좋은 기회이기도 해요. 이 예비 실험에서는 가능한 한 많은 자료를 얻는 게 좋지요."

보탄 박사가 동의하자, 머천트 부장은 고개를 끄덕였다.

"자, 그러면 의견이 대강 정리된 듯하네요. 일단 통신 시설을 복구할 수 있는지 살펴보기로 합시다. 태양 전지판을 끈 효과를 살펴볼 시간도 필요한 듯합니다. 그러는 동안 흙먼지 더께 문제를 과연 이 안에서 해결할 수 있는지 각자 생각할 시간을 갖도록 하지요. 회의는 일주일 뒤에 다시 열겠습니다. 그때까지 제발 좋은 해결책이 나왔으면 좋겠네요. 누가 창의적인 해결책을 내놓을 수도 있지 않을까요? 아니면 강풍이……. 아닙니다. 이만 회의를 마치도록 하지요."

머천트 부장은 더스티 박사를 힐끗 바라보며 말을 마쳤다.

"흐흐, 이제야 진정 내 능력을 발휘할 때가 왔군! 창의적인 아이디어 하면 나 아니겠어?"

자윤은 자기 귀에 대고 속닥거리는 남윤을 홱 떼밀었다.

"우아! 여기 승강기가 있는 줄 몰랐어요."
"나도요. 그냥 기둥인 줄 알았어요!"

자윤과 남윤은 호들갑을 떨면서 승강기 바깥을 내다보았다. 자윤은 주거 지역 한쪽에 높이 서 있던 기둥 안에 승강기가 있을 거라고는 전혀 생각도 못했다. 사실 처음에는 기둥인 줄도 몰랐다. 그냥 매끈한 돌로 마감한 높이 5미터쯤 되는 물통인 줄 알았다. 더 위쪽은 돔 골조와 똑같이 투명 망토 기술이 적용되어 보이지 않았기 때문이다. 그래서 돔 전체가 기둥 없이 세워진 것처럼 보였다.

"기둥 바깥에서는 안이 전혀 안 보이지."

머천트 부장이 말했다.

승강기가 올라감에 따라, 주거 지역 앞에 있는 호수와 뒤편 산비탈에 우거진 숲뿐 아니라 저 멀리 펼쳐져 있는 사막과 바다까지 한눈에 들어오기 시작했다.

"꼭대기까지 올라가는 거예요?"

남윤이 물었다.

"그래. 이 기둥은 돔을 떠받치고 있는데, 돔 바로 아래까지 올라갈 수 있어. 우리는 농담 삼아 전망대라고 하지. 물론 겉으로는 안 보여."

"돔 지붕으로 나갈 수 있게 해 놓을걸 그랬어요."

자윤이 말하자, 머천트 부장은 고개를 끄덕였다.

"맞아. 설계는 그렇게 되어 있어. 화성에 설치할 시설도 마찬가지고."

"와! 그러면 빗자루 들고 나가면 되잖아요?"

남윤의 말에 머천트 부장은 한숨을 내쉬었다.

"그렇게 했으면 좋았을걸. 그런데 여기서는 필요 없을 거라고 생각했거든. 화성에서 돔 바깥으로 나가려면 우주복이 필요해. 그래서 우주 정거장에서 비행사가 밖으로 나갈 때 쓰는 것 같은 기밀실(외부 기압의 영향을 받지 않게 만든 방)을 설치해야 하지. 공기 조절 시스템도 필요하고 여러 가지 장비도 있어야 해. 하지만 지구에서는 그런 것들이 필요 없지."

"설계를 따로 하면 되잖아요?"

"지구 상황에 맞게 설계를 수정하면 비용이 이중으로 들어. 화성 거주라는 원래 목표와도 맞지 않고. 그래서 아예 그 설비를 다 빼고 그냥 막기로 결정한 거야. 이럴 줄 알았으면 창문이라도 열리게 해 놓을걸 그랬지 뭐냐."

승강기가 멈추자 머천트 부장과 덱스터러 씨, 자윤과 남윤은 밖으로 나왔다. 머리 바로 위에 돔 유리가 보였다.

자윤은 문득 생각이 나서 물었다.

"그런데 완벽하게 격리한다는 게 정말 좋은 생각일까요?"

머천트 부장은 무슨 말이냐는 표정을 지었다.

"이 시설에서 안팎을 오가는 것은 햇빛과 열뿐이잖아요. 공기나 생물이나 다른 물질들은 오갈 수 없고요. 10미터까지 파서 골조를 세웠으니까 흙도 사실상 오갈 수 없죠. 하지만 지구 전체를 보면 다르잖아요. 지구가 우주와 격리된 것 같아도 사실은 햇빛뿐 아니라 갖가지 물질이 매일 우주에서 들어오고 있고요. 지구에서 우주 밖으로 나가는 것도 있을 테지요. 그렇게 보면 이런 시설도 물질이 어느 정도는 안팎으로 오갈 수 있게 하는 편이 더 맞지 않나요?"

머천트 부장은 자윤의 말을 들으면서 웃음을 머금었다.

"계획 단계에서 그 이야기도 오갔지. 화성에 이런 시설을 지을 때 기밀실 말고 외부와 제한적으로나마 물질 이동이 이루어지는 공간도 만들 필요가 있지 않느냐는 주장이 실제로 나왔어. 시설 입구부터 달팽이 껍데기 모양으로 시설을 감싸면서 통로를 만들자는 거였지. 통로에 일정한 간격으로 칸막이를 설치해서 대기 조성을 단계적으로 변화시키면서 식생과 접하게 한다면, 화성에 적응한 생물이 진화하지 않을까 하는 생각도 했고."

"그러면 설치되는 건가요?"

"글쎄다. 예산이 확보된다면……. 하지만 관리하기가 쉽지 않을 거야."

자윤은 우주선 지구와 폐쇄된 돔, 화성에 세울 돔을 생각했다. 왠지 천 년이 아니라 수백만 년이 걸릴 원대한 계획을 접하고 있다는 느낌이 들었다. 너무 허황된 생각 같아서 자윤은 얼른 털어 버리고 멀리 둘러보았다.

"돔이 환했다면 정말 경치가 끝내줬을 것 같아요."

먼 쪽은 어두컴컴해서 잘 보이지도 않았다. 위에서 보니 돔 안이 정말로 어두컴컴하다는 게 실감이 났다.

"와, 저기는 햇살이 비쳐. 멋지다!"

남윤의 말대로였다. 하늘을 온통 뒤덮은 먹구름 사이로 햇살이 비치듯, 어둠 사이로 군데군데 햇살이 비치는 곳들이 있었다. 여기에 갇혀 있지 않다면, 사진에서나 보던 멋진 광경이라고 감상하고 있었을 텐데.

"시간이 흐르면 저런 곳이 늘어나지 않을까요?"

자윤이 물었다.

"그렇겠지. 하지만 그때까지 기다릴 수 있을지 모르겠다. 자, 덱스트러 씨가 일하게 조용히 하자."

덱스트러 씨는 사다리를 올라가서 위쪽의 둥근 창문을 열고 안으로 들어갔다. 아래에서 보니 덱스트러 씨가 손전등으로 이리저리 비춰보고, 휴대용 장치를 케이블에 잇는 모습이 흐릿하게 보였다.

자윤은 처음에는 유심히 지켜봤지만, 시간이 흐르자 심심해졌다. 남윤은 옆에 있던 긴 막대기를 집어서 돔 유리를 톡톡 두드렸다.

"야, 그러다가 깨져. 비싼 거라잖아!"

자윤이 나무라자, 남윤은 머천트 부장의 눈치를 보며 슬그머니 막대기를 내렸다.

"괜찮아. 그 정도로 깨지지는 않아."

"그래도 긁힐 수 있잖아요."

"저 정도로는 괜찮아. 표면 강도가 세어서 잘 긁히지 않거든. 또 긁히더라도 알아서 없어져. 자체적으로 메우는 기능이 있지. 바람에 날린 모래에 표면이 긁힌 상태로 그냥 놔둔다고 해 봐. 몇 년 안 지나 빛 투과율이 확 떨어지겠지? 그래서 자체 복구 기능이 있어."

"그런데 유리가 딱딱하지 않고 좀 물렁하게 느껴져요."

남윤은 어느새 다시 막대기로 유리를 쿡쿡 찔러 대고 있었다.

"남윤이는 탐구심이 많구나. 맞아, 그냥 유리가 아니니까. 신축성이 좋아서 축구공만 한 돌덩어리가 부딪혀도 깨지지 않지. 푹 들어갔다가 다시 원래대로 돌아와."

"정말요?"

남윤은 막대기를 유리에 대고 힘껏 눌렀다.

"그 정도론 안 될 거다."

그 말을 하고서 머천트 부장은 덱스트러 씨가 있는 곳으로 올라갔다. 남윤이 같이 하자고 손짓했지만 자윤은 무시했다. 자윤은 유리를 자세히 살펴보았다. 얼룩 같은 것도 달라붙어 있는 듯했다. 남윤은 이제 높이 뛰면서 유리를 마구 두드려 댔다.

"그만해. 일하시는 데 방해되잖아! 얘는 어딜 가든 말썽만 부린다니까."

그러자 남윤이 헉헉거리면서 말했다.

"누나는 내가 장난치고 있다고 생각하나 본데, 절대 아니야."

"그럼 왜 그러는데?"

"저것들을 없앨 해결책을 찾는 중이지."

"막대기로 쳐서 떨어내겠다고?"

"누나, 단세포야? 아무려면 내가 유리들을 죄다 두드리고 다닐 거라고 생각한 거야? 저 두꺼운 유리가 내가 친다고 흔들릴 것 같아?"

남윤은 자기 머리를 톡톡 두드리면서 말했다.

"그럼 뭔데?"

자윤이 계속 다그치자, 남윤은 한숨을 쉬면서 반문했다.

"대체 누나는 처음에 왜 여기 오자고 했어? 그냥 한번 구경하려고 온 거야?"

자윤은 말문이 막혔다. 남윤이 정곡을 찔렀기 때문이었다.

자윤은 오래전에 바이오스피어2라는 실험을 했고, 지금 비슷한 실험을 다시 시도하고 있다는 이야기를 학교 수업 시간에 들었다. 그때 문득 아빠가 그 계획에 참여하고 있다는 사실이 떠올랐다. 그전에 아빠한테 듣긴 했지만 까맣게 잊고 있었다. 그때 마침 아빠가 최종 점검을 하러 간다고 하기에, 깊이 생각하지 않고 구경하러 따라나섰을 뿐이었다.

남윤이 짐작했다는 투로 말했다.

"정말 모험심도 없고 탐구심도 없어요. 자기가 생각 없이 살면서 늘 나한테 덮어씌운다니까!"

"그러면 너는 깊이 생각했다는 거야? 내가 같이 가자고 하니까 아무 생각 없이 따라온 거잖아!"

자윤이 내쏘자, 남윤은 의기양양한 태도로 말했다.

"그럴 리가. 나는 누나 말을 듣는 순간, 이건 내 인생에 두 번 다시 오지 않을 기회라는 것을 알아차렸다고. 그래서 어디를 돌아보고 무엇을 살펴볼지 다 생각했다고!"

남윤은 바지 주머니에서 무언가를 꺼냈다. 옛날 추리 소설들을 잔뜩 읽더니 탐정 흉내를 내면서 구닥다리 방식으로 떠오르는 생각을 적곤 하던 수첩이었다.

"봐! 여기 다 적었어. 난 누나랑 다르다니까!"

자윤은 가슴이 뜨끔했다. 하지만 동생한테 지고 싶진 않았다.

"그런데 왜 갑자기 말을 돌리는 거야? 막대기로 유리 두드리는 얘기를 하고 있었잖아!"

남윤은 "흥!" 하면서 수첩을 펼쳐서 읽었다.

"위기 해결 방안. 첫째, 철저한 자료 수집. 둘째, 사소한 단서라도 놓치지 말 것. 셋째, 창의적으로 조합하기."

자윤은 떨떠름한 표정을 지었다.

"그게 뭐야?"

"쯧쯧, 방금 읽어 줬잖아. 지금은 철저한 자료 수집 단계라니까. 이번 문제를 해결하려면 돔 유리 상태가 어떤지 자세히 조사해야 한단 말야!"

자윤은 황당해서 입을 쩍 벌렸다.

"그거였어? 그냥 자료 찾아보면 되잖아! 컴퓨터에 돔 유리에 관한 자료가 있겠지!"

"어휴, 책상 앞에서 공부만 하는 애들은 저게 문제라니까."

"야, 뭐라고!"

자윤이 큰 소리를 쳤지만, 남윤은 능글맞게 대꾸했다.

"현장에 나왔으면 현장을 조사해야지 컴퓨터에 들어 있는 자료는 왜 보냐고. 책과 컴퓨터만 보고는 알 수 없는 단서들을 찾아야 하는 거야."

"그래서? 유리를 두드려서 뭘 찾아냈는데?"

그러자 남윤은 슬쩍 꼬리를 내렸다.

"아직. 유리가 딱딱하지 않다는 것만 빼고."

"그건 자료에도 나와 있을 내용이잖아."

남윤은 엄지와 검지로 턱을 어루만지는 척하면서 말했다.

"흠, 아주 좋군. 맞아, 발상의 전환!"

"뭐가!"

자윤은 소리를 빽 내질렀다가 아차 싶었다. 머천트 부장과 덱스트러 씨가 아래로 고개를 쑥 내밀고 자신을 빤히 바라보고 있었다.

"죄송해요. 아무 일도 아네요."

부장과 덱스트러 씨가 고개를 돌리자, 자윤은 심호흡을 하고서 물었다.

"뭐가 좋다는 거니?"

"셜록과 왓슨. 누나랑 나는 성향이 다르니까 서로 보완될 수 있다는 거지."

"네 조수를 하라는 거야?"

"자신을 너무 비하하지 마. 대등한 동료, 파트너 관계를 맺자는 거지."

"뭘 위해서?"

"물론 이 위기를 해결하기 위해서지. 기막힌 해결책을 내놓는 거야!"

"어른들이 알아서 하겠지. 전문가들이 모여서 토론하면 좋은 해결책이 나오지 않겠어?"

남윤은 집게손가락을 자윤의 눈앞에 치켜들고서 흔들어 댔다.

"천만에! 이런 예기치 못한 문제를 해결하려면 나 같은 기발한 두뇌가 필요해."

"혼자 잘해 봐. 나를 왜 끌어들이는 건데?"

"자료를 정리할 사람이 필요하잖아. 공동 아이디어라고 할 테니까 누나도 협조해. 알았지?"

자윤은 잠시 생각하는 척하다가 고개를 끄덕였다. 남윤이 기발한 해결책을 내놓을 것이라고 믿기 때문이 아니었다. 그저 계속 구박하고 소리 지르고 해서 좀 멋쩍고 미안한 마음이 들어서였다.

'뭐, 뜻밖의 행운으로 좋은 해결책이 나온다면 어쨌든 좋을 테니까.'

그때 머천트 부장과 덱스트러 씨가 내려왔다. 표정이 좋지 않았다.

"잘 안 되나 봐요?"

자윤이 묻자 덱스트러 씨가 고개를 끄덕였다.

"합선이 돼서 어딘가 타 버린 것 같구나."

"그럼 외부와 연락할 수 없는 거예요?"

"글쎄다. 장비야 많으니까 통신 전문가가 있다면 얼마든지 방안을 강구할 수 있겠지. 우선 다른 곳도 살펴봐야겠고."

그 순간 자윤은 남윤의 눈이 반짝이는 것을 놓치지 않았다.

"여기 마음대로 드나들어도 되는 거야?"

자윤은 관리 사무소에서 남윤이 저지른 일을 떠올리면서 물었다. 하지만 남윤은 괜찮다면서 여기저기 물건들을 뒤적거렸다. 벽의 선반마다 온갖 물건들이 놓여 있었다. 전동 드라이버 같은 공구도 있고, 둘둘 말린 철망이며 컴퓨터 부품도 있었다.

창고 안에는 커다란 탁자도 여러 개 놓여 있었다. 컴퓨터가 놓인 것도 있고, 나무나 쇠를 가공하는 장치가 놓인 것도 있었다. 남윤은 한 탁자에 놓인 물건들을 옆으로 싹 밀어 놓고 선반에서 이것저것 꺼내 올려놓기 시작했다.

"야, 그렇게 마음대로 움직이면 어떡해?"

자윤이 걱정스럽게 말했다.

"괜찮다니까! 얼마든지 써도 된다고 했어."

왠지 미덥지 않았지만, 자윤은 더는 신경을 쓰지 말자고 마음먹었다.

"그런데 여긴 왜 온 거야?"

"통신 장치를 만들려고."

"네가?"

자윤이 놀라서 묻자, 남윤은 이것저것 조립하면서 대답했다.

"응. 내가 만드는 게 취미잖아. 안테나와 증폭기 만드는 건 일도 아니지. 부품은 다 있으니까."

자윤은 남윤이 하는 일을 잠깐 지켜보다가 컴퓨터를 켰다.

"이 시설에 관한 자료는 웬만큼 다 있어. 누나를 여기 데려온 이유가 그거지. 원하는 대로 조사해."

자윤은 컴퓨터를 검색했다. 건설에 누가 참여했고, 비용을 어떻게 조달했고, 어디에서 무엇을 들여왔는지까지 자세히 기록되어 있었다.

"어? 이것 봐. 저번에 본 늑대에 번호가 있어. WO37700이야. 숲에 버려져 있던 걸 개의 젖을 먹여서 키운 거래. 여기 관찰한 내용도 적혀 있는데, 가끔 자기가 개인 것처럼 행동한대."

"누나, 개 좋아하잖아. 다음에 만나면 머리를 쓰다듬어 줘."

"으, 절대 못 해. 어? 화성 폴더도 있어."

자윤은 폴더 안의 자료를 이것저것 훑어보았다.

"와, 이것 봐! 화성에 실제로 이런 시설을 짓고 있어. 동영상도 있어!"

자윤은 동영상을 하나 틀었다. 기계들이 땅을 파고 기둥을 세우는 광경이 보였다. 사람은 한 명도 보이지 않았다.

"굉장해! 기계들이 알아서 짓고 있나 봐. 동식물은 언제 옮기는 걸까?"

"누나, 화성 살펴볼 시간에 여기 시설이나 살펴보는 게 어때? 해결책을 생각해 내야지."

"본래 기막힌 아이디어는 이렇게 이것저것 살펴볼 때 문득 튀어나오는 법이야."

자윤은 그렇게 대꾸하고서 다른 동영상을 틀었다. 남윤이 피식 웃는 소리가 들렸다.

"흠, 재미있네. 이렇게 짓는구나."

자윤은 문득 어떤 생각이 떠올라서 지구 시설을 짓는 과정을 담은 동영상도 틀었다.

"동생아, 내가 뭔가 찾은 것 같아."

"기막힌 아이디어?"

"그건 아니고, 일종의 참고 자료라고나 할까."

"알았어. 머릿속에 잘 넣어 둬. 다 만들었다. 이제 가 볼까나."

남윤은 자기가 만든 장치를 커다란 주머니에 넣고서 자윤을 재촉했다.

"그만 보고 가자, 누나."

바쁘게 나가는 남윤의 뒷모습을 보면서, 자윤은 속으로 중얼거렸다.

'저 녀석이 자랑하고 싶어서 안달이 났구나.'

둘은 신이 나서 회의실 문을 벌컥 열었다.

"이런!"

자윤은 그 자리에서 굳어 버린 동생을 밀치고 안을 들여다보왔다. 사람들이 다 모여 있었다. 그리고 화면에 이카로스 이사장의 모습이 비치고 있었다. 그새 통신을 복구한 모양이었다.

"안녕, 애들아. 어서 들어오렴."

화면에서 이카로스 이사장이 웃으며 반갑게 인사를 했다.

자윤과 남윤이 풀이 죽어서 긴 의자에 털썩 앉자, 이카로스 이사장의 말이 들렸다.

"자, 하던 이야기를 계속하지요. 통신이 끊긴 동안 재단에서도 많은 논의가 있었습니다. 더스티 박사님 말처럼, 실험을 중단하는 문제까지도 논의했어요. 그렇지만 환경 지표를 분석한 결과, 아직 실험을 중단할 시기는 아니라는 결론을 내렸습니다."

"그러다가 생태계가 복원 불가능한 수준으로 파괴된다면요?"

더스티 박사가 물었다.

"박사님이 이 계획에 처음부터 참여했기 때문에 애정이 많다는 점은 잘 알고 있습니다. 하지만 우리 이사회도 그런 상황이 올 때까지 놔둘 생각은 없습니다. 계속할 수 있을 때까지 실험을 하는 편이 낫다고 판단한 겁니다. 그러는 동안 다른 변수가 생길지도 모르니까요. 또 태양 전지판을 끈 뒤의 상황 변화도 지켜볼 필요가 있지요."

"아직이라고 하셨는데, 이 상태가 계속된다면요? 계속 악화될 텐데, 오래 버틸 수는 없지 않을까요?"

보탄 박사가 묻자, 이카로스 이사장은 서류를 들추면서 입술을 깨물었다.

"과학자들이 예측 모델을 돌려 봤어요. 현 상태가 유지된다고 가정할 때, 3주가 최대로 버틸 수 있는 기간이라고 합니다."

"최대라고요? 그러면 최소 기간은요?"

더스티 박사가 목소리를 높였다.

"최소 기간은 알 수 없겠지요. 적어도 2주 동안은 상황이 크게 변하지 않으리라고 봅니다. 그때까지는 변화가 쌓여서 회복 불가능한 상태로 넘어가는 사태가 벌어지지 않을 것이라고 예측했어요. 물론 3주라는 기간은 더스티 박사님이 말씀하신 것처럼 생태계가 복원 불가능한 시점, 실험을 중단했을 때의 손실과 계속했을 때의 복원 비용 등을 종합적으로 고려한 겁니다. 게다가 아직 태양 전지판을 차단한 뒤의 결과도 나오지 않은 상태니까요."

"더께를 없앨 방안은 논의되지 않았나요?"

아빠가 묻자 이카로스 이사장은 난감한 표정을 지었다.

"회의 때 몇 가지 방안이 나오긴 했습니다만, 문제는 그 방안들이 모두 외부의 지원을 전제로 한 것이라서요. 외부에서 개입하는 것이기 때문에 안 된다는 거지요. 내부에서 해결할 수 있는 방안은 아직 나오지 않았습니다. 아무튼 지금도 전문가들이 논의를 거듭하고 있습니다. 방금 말한 기간 안에 대책이 나올 수 있기를 저희도 몹시 바라고 있습니다."

이카로스 이사장과 통화가 끝나자, 머천트 부장은 대책을 논의하려고 했다. 그런데 더스티 박사가 벌떡 일어나더니 아무 말도 없이 홱 나가 버렸다.

머천트 부장은 떨떠름한 표정으로 말했다.

"아무래도 시간이 좀 필요할 것 같습니다. 며칠 더 방안을 생각해 본 뒤에 다시 모이기로 하지요."

사람들이 일어설 때 남윤이 아빠에게 물었다.

"아빠, 어떻게 통신 시설을 복구했대?"

"응? 덱스트러 씨가 고쳤대."

아빠는 클라우드 박사와 이야기를 나누면서 밖으로 나갔다.

"이런! 한발 늦었어."

자윤은 시무룩한 남윤이 불쌍해 보여서 등을 툭툭 두드리며 말했다.

"실망하지 마. 다음에는 먼저 해결할 수 있을 거야."

남윤이 멍한 표정으로 돌아보았다.

"뭘?"

"저걸 없앨 기막힌 해결책을 내놓아야지!"

자윤이 손가락으로 위를 가리켰다.

"맞아, 더 중요한 문제가 있었지. 좋았어!"

생태학과 친해지기

지구의 이산화탄소 증가와 바다 산성화

바다는 지표면의 3분의 2를 차지한다. 한없이 펼쳐진 바다를 보면서 인류는 바다가 끝이 없다는 듯이 생각했다. 그래서 오염된 물을 마구 쏟아 버렸고, 고래를 무작정 잡았다. 바다가 더러워지고 고래의 씨가 마르는 것을 보고서야 사람들은 뒤늦게 바다가 무한하지 않음을 서서히 깨달았다.

지구 온난화를 논의할 때도 바다를 그런 식으로 생각한 사람들이 있었다. 온난화에 가장 큰 영향을 끼치는 온실가스인 이산화탄소는 물에 어느 정도 녹는다. 콜라나 사이다 같은 탄산음료를 보면 알 수 있다. 그래서 대기 중에 늘어난 이산화탄소가 바다에 녹아서 흡수될 테니, 대기 중 이산화탄소 농도의 증가를 걱정할 필요가 없다는 주장도 나왔다. 즉 인간의 활동으로 늘어나는 이산화탄소를 충분히 흡수할 수 있을 만큼 바다가 넓고 깊다는 것이다.

그 주장이 전혀 근거가 없는 것은 아니다. 실제로 해마다 인류가 대기로 배출하는 이산화탄소 가운데 4분의 1은 바다에 흡수되어 왔다. 문제는 이산화탄소를 계속 흡수하는데도 바다가 멀쩡할 리 없다는 것이다. 지난 몇십 년 동안 바다의 화학적 변화를 살펴본 연구자들은 바닷물에 녹는 이산화탄소의 양이 늘어나면서 바다에 변화가 일어나고 있다는 사실을 알아차렸다. 바다가 점점 더 산성을 띠어 가고 있었다.

산업 혁명이 시작된 이래 해수면의 pH, 즉 수소 이온 농도는 0.1이 낮아졌다. 수치가 작아서 별것 아닌 듯이 보이지만, pH는 로그 단위이기 때문에 환산하면 산성도가 약 30퍼센트 증가한 것과 같다.

바다가 산성화하면 탄산칼슘 껍데기를 만드는 굴 같은 조개류, 성게류 등이 가장 큰 영향을 받는다. 껍데기가 녹아 사라지고 새로 탄산칼슘을 쌓아 껍데기를 만들 수도 없게 된다. 더 큰 문제는 산호초가 사라진다는 것이다. 산호초도 주로 탄산칼슘으로 이루어져 있기 때문에, 바다가 산성화하면 산호초도 더는 만들어지지 않을 것이다. 일부 과학자들은 수온 변화로 일어나는 산호의 백화 현상보다 산성화가 산호초에 더 심각한 피해를 줄 수 있다고 말한다. 백화 현상은 수중 환경이 바뀌면 회복될 수 있고 회복된 산호는 수온 변화에 더 강해지는 경향을 보이지만, 산호초 자체를 없애는 바다 산성화에는 적응하기가 어렵다는 것이다.

과학자들이 바다 산성화 문제를 본격적으로 살펴보기 시작한 지는 얼마 되지 않는다. 따라서 산성화가 바다와 지구 환경에 어떤 영향을 끼칠지 아직 제대로 밝혀지지 않았다. 그러나 과학자들은 지금 같은 추세로 이산화탄소 배출량이 계속 늘어난다면, 금세기 말에는 해수면이 거의 150퍼센트 더 산성을 띨 것이라고 예측하고 있다.

거듭되는 위기와 해결책 모색

"냄새가 안 좋아."

자윤은 콩콩거리면서 인상을 썼다. 넓은 바다를 보면서 상쾌한 기분을 느끼고 싶었는데, 바닷가에는 비릿하면서 퀴퀴한 냄새가 풍겼다.

"좋은 냄새가 나는 바다가 있으면 나쁜 냄새가 나는 바다도 있겠지. 뭘 심각하게 생각하서. 오늘은 반드시 월척을 낚겠어!"

남윤은 낚싯대를 들고 나무배에 올라탔다.

"여태껏 망둑어 몇 마리 잡은 게 전부면서, 월척은 무슨. 야, 꼭 배를 타야겠어? 그냥 저 바위 위에서 낚으면 안 돼?"

클라우드 박사에게 낚시를 배우긴 했지만, 둘 다 실력은 엉망이었다.

"바다낚시는 배를 타고 해야 제맛이지!"

"물고기도 다 냄새 나는 거 아냐?"

자윤이 코를 찡그리며 투덜거렸지만, 남윤은 무시하고 노를 저었다.

둘은 잔잔한 바다 위로 10분쯤 노를 저어 해안에서 몇십 미터 떨어진 곳까지 왔다.

"그래도 경치는 멋지네."

거멓게 뒤덮고 있는 흙먼지 더께 사이로 은은하게 비치는 누런 햇빛이 마치 잔뜩 낀 먹구름 사이로 곧 햇살이 비칠 것 같은 분위기를 풍기고 있었다. 그렇게 군데군데 햇살이 뻗으면서 멋진 경치를 자아내고 있었다.

"그림 속의 한 장면 같아!"

자윤이 감탄하여 탄성을 내지르자, 남윤이 삐딱하게 말했다.

"그래, 폭풍이 밀려들기 직전의 풍경 같지."

둘은 낚싯대를 드리우고 잠시 멍하니 앉아 있었다. 이윽고 남윤이 말했다.

"새를 불러들일 수 있으면 딱 좋은데."

"새?"

"자기장을 조절하든지 유인하든지 해서 지나가던 철새들을 이리로 끌어들이는 거지. 그러면 저것들을 마구 먹어 치울 거잖아. 속에 있는 것까지 찾아 먹겠다고 푸닥거리며 헤집을 테니까 흙먼지도 날아갈 거고."

자윤은 곰곰이 생각하다가 말했다.

"나그네비둘기가 딱 좋은데."

"5년 전에 복원했다는 그 비둘기?"

"어? 너도 아는구나. 20세기 초까지 북아메리카에 살던 비둘기였어. 35억 마리가 넘을 때도 있었대. 한 무리가 날면 길이가 1.5킬로미터나 되었고. 그 비둘기들이라면 풀무치들을 순식간에 다 먹어 치울 텐데."

"하지만 원래 북아메리카 동부에 살았잖아?"

"어차피 박제 DNA를 복제해서 복원했으니까, 여기다 키워도 되지 않을까? 문제는 아직 수만 마리에 불과하다는 거지만."

"아니면 뿔도마뱀을 끌어들이는 거야."

"아니, 캥거루처럼 껑충껑충 뛰어다니는 캥거루쥐가 더 나을 것 같아. 쥐가 식성이 더 좋잖아. 흙먼지 더께 속으로 굴을 파고 돌아다니면서 깡그리 먹어 치울 거야."

"곰팡이 포자는 어때? 몰래 작은 드론을 조종해서 포자를 뿌리는 거지. 그래서 동충하초를 만드는 거야. 그러면 사람들이 와서 마구 쓸어 담을 거 아냐."

"그건 좀 아닌 것 같은데? 동충하초는 살아 있는 곤충한테서 자라는 거 아냐?"

"그런가?"

둘은 온갖 동물들을 대면서 낄낄거렸다. 그러던 자윤의 머릿속에 무언가 떠올랐다.

"참, 생물을 이용하는 방법은 안 되겠구나."

"응? 왜?"

"화성에는 생물이 없잖아."

"꼭 화성을 염두에 두고 해결책을 찾아야 하는 거야?"

"그래야 하지 않을까?"

남윤은 멍하니 낚싯대를 바라보았다.

"왜 입질이 없는 거야? 물고기들이 다 딴 데로 갔나?"

남윤은 괜히 낚싯대를 들어 홱 잡아당겼다. 그때였다.

"어? 뭐가 걸린 것 같아!"

남윤은 줄을 감았다. 자윤도 낚싯대를 잡아당겨 봤다.

"와, 나도 뭐가 걸렸나 봐."

둘은 신이 나서 줄을 감았다. 그런데 걸려 올라온 것은 물고기가 아니었다.

"으……, 이게 뭐야?"

"미역 뭉친 것 같은데? 어휴, 썩은 냄새!"

둘은 썩은 해초 더미가 걸려 있는 낚싯바늘을 물에 담가서 마구 휘저었다.

"안 떨어져!"

그러다가 둘은 깜짝 놀랐다. 물속에서 뭐가 위로 떠오르고 있었다.

"맙소사! 물고기야!"

배 주위로 물고기들이 하나둘 배를 드러내면서 수면으로 떠오르고 있었다.

"설마 우리 때문은 아니겠지?"

둘은 섬뜩한 기분이 들어 허겁지겁 노를 저었다. 죽어서 떠오른 물고기들이 노에 부딪히고 있었다.

자윤과 남윤이 물고기들이 죽었다고 알리자, 사람들은 뜰채와 양동이를 들고 바닷가로 모였다. 그들은 오후 내내 죽은 물고기를 건져 내어 나르고, 로봇이 바닷가에 판 커다란 웅덩이에 파묻느라 정신없이 시간을 보냈다. 자잘한 물고기를 빼도 수백 마리는 된 듯했다.

"으, 썩은 비린내. 아무리 씻어도 가시지를 않네."

클라우드 박사가 호들갑을 떨었다. 각자 숙소로 돌아가서 씻고 저녁을 먹은 뒤 회의실에 모인 참이었다. 보탄 박사는 회의실에 향을 열 개나 피웠다. 향내가 진동했지만, 사람들은 차라리 그 편이 더 낫다고 생각하는 듯했다.

"모두 고생하셨습니다. 어휴, 그동안 농사지으면서 잡초 뽑고 벌레 잡고 한 건 아무 일도 아니었네요."

머천트 부장이 힘이 쭉 빠진 모습으로 안락의자에 털썩 주저앉으며 말했다.

"상황이 심각한 건가요? 3주는 버틸 수 있다고 한 지 이틀밖에 안 지났는데요."

더스티 박사가 물었다.

"아직 원인은 잘 모르겠지만, 질식사했을 가능성이 높다고 합니다. 용존 산소 농도(물에 녹은 산소의 농도)를 측정해 보니 거의 0에 가까워요."

"다른 해역도 그럴까요?"

"바다 곳곳에 고정 부표들이 있는데, 측정값들을 보면 다른 곳들은 아직 괜찮아요. 그래도 혹시나 해서 카메라 달린 드론을 띄워서 수면을 조사했지만 죽은 물고기도 없고요."

"그런데 왜 거기에서만 죽었을까요?"

더스티 박사가 자윤과 남윤이 앉은 곳을 흘깃 바라보면서 물었다.

"이런, 또 우리가 문제 일으킨 거 아니야?"

자윤이 남윤의 귀에 속삭일 때, 머천트 부장이 말했다.

"자료를 보니, 자이언트켈프를 조성한 곳이었어요. 거인해초라고도 부르지요. 거인해초는 60미터까지 자라는데, 해조류 중에서 가장 커요. 바깥의 연구자들은 그것들이 광합성을 못한 탓에 갑자기 죽어 빠르게 분해되면서 물속 산소가 고갈되지 않았을까 추정하고 있습니다. 물론 세균이나 질병 때문에 죽었을 수도 있지만, 이 안에 전문가가 없으니까요."

"육지에만 신경을 썼는데, 바다가 더 문제일 수 있겠군요."

아빠가 말하자, 사람들이 고개를 끄덕였다.

"산호초 해역은 어떤가요?"

머천트 부장이 보탄 박사를 돌아보면서 물었다. 산호초 해역은 보탄 박사가 맡고 있었다.

"그러잖아도 수온 변화가 일어나는 듯해서 유심히 살펴보고 있어요. 아직 뚜렷하지는 않지만, 산호초가 쇠약해지는 징후가 보이고 있어요. 일부 산호에서는 백화 현상이 일어나고 있고요."

"백화 현상?"

남윤이 물었다.

"쯧쯧, 무식하기는! 산호는 물속에서 광합성을 하는 조류와 함께 살아. 그런데 환경이 바뀌면 산호 몸속에 함께 살던 조류가 도망쳐. 자기만 살겠다는 거지. 그러면 산호가 하얗게 변해."

"그럼 죽는 거야?"

"그럴 수도 있고 아닐 수도 있고."

"으, 그게 뭐야?"

"죽을 수도 있지만, 환경이 좋아지면 조류가 다시 돌아올 때도 있대."

"어떤 환경?"

"수온, 햇빛, 산소, 세균, 오염, 기타 등등."

"책에서 봤어?"

"상식이지."

둘이 낄낄거리는 동안 어른들 사이에는 진지한 대화가 이어지고 있었다. 자윤은 왠지 자신이 남윤에게 물든 것 같은 느낌이 들었다.

'예전 같으면 불안감에 심각한 표정을 짓고 있을 텐데, 이렇게 장난치고 있다니. 아니면 심각한 상황이 계속되고 있어서 무뎌진 걸까?'

"그러면 심각한 것 아닌가요?"

더스티 박사가 묻자, 보탄 박사는 고개를 저었다.

"아직 잘 모르겠어요. 제 전공은 아니지만, 백화 현상이 수온 때문인 것 같지는 않아요. 레이저를 이용한 원격 측정 장비에서 나온 자료를 살펴보면, 산호초 해역 수온은 아직 큰 변화가 없거든요. 원인이 정확히 무엇인지는 모르겠어요. 일단 지켜봐야지요."

두 사람의 얘기가 마무리되는 듯하자, 머천트 부장이 나섰다.

"자, 조금 늦은 감이 있지만, 온실 효과를 내는 흙먼지 더께를 걷을 방안을 논의해 봅시다. 좋은 생각이 있으면 말씀해 주세요."

잠시 침묵이 흘렀다. 머천트 부장이 다시 입을 열었다.

"그냥 아무 제안이라도 해 보죠? 실현 가능한지 여부는 따지지 말고요. 농담처럼 내놓는 착상이 쓸모가 있을지도 모르니까요."

그 말이 끝나기 무섭게 남윤이 소리쳤다.

"바람을 일으키는 거예요!"

사람들이 바라보자 남윤은 기어드는 목소리로 설명했다.

"바람을 일으켜서 날려 버리면 되지 않을까요?"

"어떻게 바람을 일으킬 건데?"

더스티 박사가 묻자, 머천트 부장이 가로막았다.

"자, 기발한 착상이 하나 나왔습니다. 조금 전에 말했듯이 실행 가능한지 여부는 따지지 말고 우선은 그냥 아무 생각이나 툭툭 내놓기로 하죠. 그래야 논의할 거리라도 있을 테니까요. 그 제안들이 실현 가능한지 아닌지는 나중에 토의하기로 하고요."

사람들이 고개를 끄덕였다. 남윤은 휴 하고 안도의 한숨을 내쉬었다.

"풀무치들을 먹어 치울 새 떼를 불러오면 어떨까요? 몰래 유인한 뒤에 그냥 변덕스러운 자연 현상이었다고 시치미를 떼면 되잖아요?"

클라우드 박사가 말하자 사람들이 깔깔거렸다.

"으, 저 말도 내가 하려고 했는데!"

남윤이 주먹을 불끈 쥐면서 속삭였다. 갑자기 분위기가 바뀌자, 사람들이 앞다투어 이런저런 생각을 내놓았다.

"햇살이 드는 곳마다 거울을 설치해서 식물 쪽으로 반사시키는 거예요."

"그보다는 오목 거울을 써서 돔 유리로 반사시키는 게 어떨까요? 빛을 집중시켜서 풀무치를 태워 없애는 거예요."

"스파이더맨 장갑과 신발도 있잖아요?"

클라우드 박사가 묻자, 머천트 부장이 웃으면서 대답했다.

"있지요. 도마뱀붙이 발의 흡착 원리를 이용한 거 말이지요? 돔 유리를 점검하는 인부들이 쓰던 게 있어요. 그걸 끼고서 올라가시게요?"

"네, 올라가서 유리를 쾅쾅 두들겨 떨어내려고요."

"떨어질 때를 대비해서 거미줄도 필요하겠네요."

보탄 박사가 농담하자, 머천트 부장이 웃으면서 말했다.

"거미줄도 있어요. 탄소 섬유로 만든 거라서 가볍고, 사람 몸무게쯤이야 얼마든지 견디죠."

"정말요? 내가 해 볼게요!"

남윤이 벌떡 일어나며 소리치자 사람들이 폭소를 터뜨렸다. 머천트 부장도 껄껄거리면서 말했다.

"거미줄을 쏘는 장치도 만들었어야 하는데. 불행히도 벽에 달라붙지를 않아서 말이야. 아무래도 스파이더맨이 되기는 어렵겠다."

"에이."

남윤이 실망해서 자리에 털썩 주저앉자, 머천트 부장은 사람들을 둘러보며 물었다.

"정말 기발한 생각들이 쏟아지네요. 또 다른 아이디어가 있는 분?"

"유리에 진동을 일으키면 어때요?"

이야기할까 말까 망설이던 자윤이 불쑥 말했다. 모든 사람들의 시선이 자신에게 쏠리는 것을 느끼면서 자윤은 수첩을 넘기며 설명했다.

"흥미가 생겨서 유리에 어떤 기능들이 들어 있는지 조사해 봤더니, 전기를 통하면 어느 정도 진동을 일으킬 수 있다고 되어 있더라고요."

"와, 대단한 걸! 이 안에서도 공부에 몰두하다니."

클라우드 박사가 칭찬하자, 자윤은 얼굴이 화끈 달아올랐다.

"맞아요, 그 기능도 있어요. 몇 달에 한 번씩 대청소를 하는 식으로 돔 전체를 뒤흔든다는 개념이었지요. 나노 표면 기술이 개선되면서 별 쓸모가 없을 거라고 판단한 건데, 좋은 생각이야. 또 없니?"

머천트 부장도 칭찬하자, 자윤은 수첩을 몇 장 넘기며 말했다.

"모듈을 쓰면 어때요?"

"모듈이 뭐예요?"

보탄 박사가 의아한 표정으로 묻자, 머천트 부장이 한숨을 쉬면서 대답했다.

"일종의 확장용 설비지요. 아직 비밀인데……. 뭐 실험이 끝난 뒤 발표할 예정이었으니까, 예를 들어 보지요. 화성에 지은 시설의 거주 가능 인구를 최대 10만 명으로 잡았는데, 인구가 더 늘어난다면 어떻게 하시겠어요? 나머지 인구를 지구로 데려와야 할까요?"

사람들이 고개를 저었다.

"동·식물이 늘어날 때도 마찬가지지요. 자라고 퍼지는 나무를 계속 벨 수도 없고, 늘어나는 동물 떼를 계속 억제할 수도 없지요. 그래서 재단은 이 시설을 확장 가능하게 설계했어요."

사람들은 깜짝 놀랐다. 이 거대한 시설이 확장 가능하다니!

"한 지역에 거주하는 생물들이 계속 불어나면 그 지역의 확장 모듈이 자동으로 작동하게 되어 있어요. 돔 가장자리를 따라 지하 10미터에 설비가 들어 있어요."

"저 넓은 테두리를 따라 지하에 그런 엄청난 장비가 들어 있다고요? 공사할 때 그런 장비를 본 적이 없는데요. 게다가 지상으로 꺼내서 써야 하잖아요?"

아빠가 말도 안 된다는 투로 물었다. 머천트 부장은 다시 남윤을 째려보는 척하면서 설명했다.

"바로 그 때문에 외부에 드러나서는 안 될 중요한 비밀이지요. 아직 알려지지 않은 특허 기술이거든요. 기계와 장비가 아니라, 나노봇이 들어 있어요. 개미 군체처럼 행동하도록 프로그램이 되어 있죠. 여왕개미에 해당하는 나노봇이 확장하라고 명령을 내리면, 무수히 많은 나노봇들이 움직이면서 구조를 새로 만들어요."

"나노봇이라면 눈에 잘 보이지 않을 만큼 작을 텐데, 이 거대한 걸 지을 수 있다고요?"

"건축 재료는요? 어디 있는데요?"

"그러면 시설이 뻥 뚫리는 것 아닙니까?"

사람들이 눈을 빛내면서 앞다투어 질문하기 시작했다. 남윤이 자윤의 옆구리를 쿡 찌르면서 소곤거렸다.

"우아, 누나 한 건 했는데?"

"자, 자, 진정들 하세요. 하나씩 설명하지요. 나노봇들은 개미처럼 역할이 나뉘어 있어요. 나무나 흙 같은 재료를 뚫고 쏠아서 잘게 조각내는 녀석들이 있고, 그것들을 씹어서 죽처럼 만드는 녀석들도 있어요. 여왕봇의 명령대로 쌓는 녀석들도 있고요. 일종의 분산형 3D 프린터라고 할 수 있지요."

"엄청난 기술이네요. 화성에서도 쓰이나요?"

"아직은요. 거기는 지구만큼 원료가 다양하지 않으니까요. 이 시설은 광물뿐 아니라 식물, 동물, 미생물도 재료로 써요. 재료를 새로 합성하지는 않아요. 그러면 프로그램과 작동 방식이 훨씬 더 복잡해지거든요. 있는 재료를 이용하는 편이 훨씬 간편하죠."

"그래서 확장용이군요. 그런데 확장할 때 바깥하고 연결되는 거 아닌가요?"

"그렇지 않게 확장하죠. 돔 바깥에서 지하 골조부터 쌓고 바깥으로 지상부 틀과 유리를 만들어요. 완벽하게 밀폐가 되면, 그 확장 부위와 접한 안쪽 돔을 나노봇들이 분해해요. 그러면 외부에 개방되지 않은 채 연결되지요."

"와, 놀랍네요. 그런데 그걸로 어떻게 해결하겠다는 거죠?"

보탄 박사가 물었다.

"확장 모듈로 바깥에 돔을 한 겹 더 두르면서 안쪽 돔을 분해하는 거지요."

자윤이 대답했다.

"와, 대단해!"

"그렇죠? 자, 이제 그 이야기는 그만하고 또 다른 기발한 아이디어 없나요?"

그러자 자윤은 또 수첩을 뒤적거렸다.

"저, 하나 더 생각했는데요."

"누나 너무 많은 거 아냐? 나한테 넘겨!"

남윤의 속삭임을 외면하고 자윤은 말을 계속했다.

"유리의 신축성에서 착안한 건데요. 전기를 통하거나 해서 유리 한가운데를 안으로 잡아당겼다가 밖으로 튕겨 내면 흙먼지가 떨어져 나갈 것 같아요."

"와, 정말 기발한데!"

사람들이 또 칭찬했다. 자윤은 빙긋 웃으면서 남윤을 보았다. 남윤은 매운 고추 씹은 표정을 하고 있다가 문득 생각난듯이 내뱉었다.

"레이저 포를 만들어서 쏘는 거예요. 유리가 투명하니까 그 위에 있는 풀무치들을 태우고 흙먼지를 날려 버릴 수 있을 거예요!"

사람들이 대단하다고 칭찬하자, 남윤은 으쓱하면서 자윤을 바라보았다.

그 뒤로도 초음파 진동기를 쓰자, 전자기장의 방향을 바꾸어 먼지를 움직이게 하자 등등 온갖 방안들이 나왔다. 제안이 나올 때마다 사람들은 킥킥 웃어 대면서 즐거워했다.

더는 아이디어가 나오지 않자, 머천트 부장이 정리를 하고 나섰다.

"자, 오랜만에 즐거운 시간을 보냈습니다. 상황이 심각할 때는 이런 시간을 보내는 것도 좋지요. 기분 전환도 되고, 기운도 북

돋워 주니까요. 그러면 나온 방안들을 진짜 실행할 수 있는지 진지하게 검토해 볼까요."

그러자 남윤이 재빨리 손을 들고 말했다.

"생물을 이용한 방법은 제외해야 해요. 화성에는 생물이 없으니까요!"

자윤은 정말 약삭빠른 녀석이라고 생각했다. 협력 관계를 진지하게 재검토해야 하는 것 아닐까 하는 생각이 들었다.

머천트 부장은 그 말이 맞다면서 제외했다.

"모듈은 어때요?"

남윤이 물었다. 자윤은 다시 협력 관계를 돈독히 하기로 마음먹었다.

"자윤이한테는 안됐지만, 현재로서는 불가능해요. 시간이 많이 걸릴뿐더러, 엄청난 에너지와 자원이 필요하거든요. 원래 모듈은 몇십 년에 걸쳐서 조금씩 확장한다는 개념을 전제로 개발된 겁니다."

"거울을 이용하자는 안은요?"

남윤이 또 묻자, 환기를 하려고 창문을 열던 보탄 박사가 말했다.

"여기를 화성이라고 가정하고서 제안들을 평가한다면, 풀무치를 태워 없앤다는 아이디어도 제외해야 하지 않을까요? 화성 대기에는 산소가 거의 없으니까요."

"그러네요. 화성 대기는 주로 이산화탄소로 이루어져 있으니, 일단 제쳐 두기로 하지요."

클라우드 박사가 동의하자, 머천트 부장도 고개를 끄덕였다.

"그러지요. 그러면 거울과 레이저 포도 빼고……."

이것저것 빼고 나니, 결국 유리를 움직이거나 진동시켜서 떨어내자는 아이디어들만이 남았다.

"잠시 쉬었다가 할까요?"

사람들은 그 대책들이 과연 실현 가능한지를 놓고 반쯤은 농담 삼아 중구난방 이야기를 했다. 머천트 부장은 잠시 덱스트러 씨와 따로 이야기를 나누고 있었다.

"그냥 시간만 낭비하는 거 아닌가요? 쓸 만한 아이디어가 없는 것 같은데."

더스티 박사가 심드렁하니 말하자, 클라우드 박사가 웃으면서 말했다.

"뭐, 이런 시간도 있어야지요. 이 시설이 온실만 하다면 써먹을 만한 것도 있어 보이네요. 다만 이 돔이 워낙 넓어서 문제죠."

그때 머천트 부장이 일어섰다.

"덱스트러 씨와 이야기를 나누어 봤는데, 유리를 진동시키거나 안팎으로 조금씩 잡아당기는 것은 이론상 가능하다고 합니다."

"정말인가요?"

남윤이 벌떡 일어나면서 소리치자, 자윤은 동생의 옆구리를 쿡 찔렀다.

"이론상이라잖아!"

"맞아요. 이론상이지요. 가장 큰 문제는 전력이 부족하다는 겁니다. 그러려면 엄청난 양의 전기가 필요한데, 그런 일에 쓰기에는 이 시설의 축전기 용량이 얼마 남지 않았을뿐더러 우리가 그

동안 충전을 중단한 상태라서요."

"기울기가 좀 심한 쪽을 골라 시범적으로 해 보죠. 대책 없이 있기보다는 뭔가 하는 것 같잖아요."

클라우드 박사가 소리치자, 모두 웃어 댔다.

"돔 가장자리 쪽이 기울기가 심하죠."

"그보다는 바다나 열대 우림 쪽이 낫지 않을까요? 성공하면 곧바로 광합성이 이루어질 수 있게요."

"바다 위의 돔은 기울기가 완만해서 힘들어요. 그러면 열대 우림 꼭대기로 해 볼까요?"

사람들이 고개를 끄덕였다.

"그럼 좋습니다. 동의를 하셨으니 말씀드리는데, 실험을 하는 대신 몇 가지 불편함을 감수해야 할 듯합니다. 실험을 하고 나면 반나절은 전기가 끊길 수도 있어요. 식수가 가장 큰 문제인데, 아시다시피 햇빛이 없어서 대기 순환이 원활하게 이루어지지 않고 있어요. 바다에서 오는 수증기와 식물이 내뿜는 수증기도 크게 줄어서 산꼭대기 호수의 물도 말랐고요. 그래서 지금 호수의 물을 퍼 올려 정화해서 쓰고 있는데, 펌프도 가동해야 하고 수질 정화 단계도 더 늘려야 하기 때문에 전력 소모가 심해요. 따라서 전기가 끊기면 물도 공급이 안 되니까, 미리 물을 절약해 달라는 거고요. 샤워도 자제해 주기를 바랍니다."

"오늘처럼 썩은 비린내로 범벅이 되면요?"

"그렇군요. 그런 상황에 대비해서 아무래도 샤워 제한 조치를 해야……."

"안 돼요!"

자윤과 보탄 박사가 동시에 소리쳤다.

사람들이 킥킥 웃었다. 머천트 부장은 웃으면서 말했다.

"농담이었습니다. 아무튼 절전을 부탁드립니다. 그럼 회의는 이만 마치고……. 유리 회로 프로그램을 손봐야 하는데 클라우드 박사님이 좀 도와주시겠어요? 기후 조절 모델을 짤 때 해 보셨을 테니까요."

"저도 도울게요!"

남윤이 손을 들자, 머천트 부장이 고개를 끄덕였다.

사람들이 나갈 때, 남윤이 자윤의 눈앞에 수첩을 들이밀며 말했다.

"나한테 기막힌 생각이 떠올랐어!"

"이게 뭔데? 확성기야?"

남윤은 킥킥 웃었다.

"비슷한 거야. 레이저 포가 안 된다고 했을 때 갑자기 생각났지. 이거면 흙먼지를 확실히 제거할 수 있어!"

"정말?"

"그럼! 내가 회로 수정을 도와주는 대신에, 덱스트러 씨에게 만드는 걸 도와달라고 해야지."

자윤은 밤마다 녹초가 되어 돌아오는 남윤을 맞이하면서 위로의 말을 건넸다.

"오래 걸리네. 이거 아동 노동법 위반 아니야?"

"맞아! 대신 우유 짜기 노동에서 제외해 달라고 해야겠어."

남윤은 전기 회로 프로그램 수정하는 일이 쉽지 않다고 했다.

"덱스트러 씨는 그냥 돔 사다리를 타고 올라가서 필요한 영역의 전선만 따로 연결해서 조작하자는데, 클라우드 박사님은 아니래. 이 실험이 성공하든 다른 실험이 성공하든 간에 돔 전체에서 순차적으로 같은 일을 해야 할 텐데, 그때마다 사다리를 타고 올라가겠느냐는 거지."

"그런데 돔 전체를 돌아다닐 수 있는 통로와 사다리가 있어?"

"응, 돔 골조 안에 있대. 덱스트러 씨가 공사할 때 들어가 봤는데, 미로 같대."

그 말을 하면서 남윤은 눈을 빛냈다. 자윤은 남윤이 무슨 생각을 하는지 짐작했다.

"너 혼자 들어가."

"무슨 소리야! 찍사가 있어야지!"

"그 얘긴 나중에 하고. 프로그램은? 아직 수정 못했어?"

"아직. 클라우드 박사님이 모델을 써서 예측했더니 예상외로 전기를 너무 많이 잡아먹는다고 나왔어. 지금 있는 용량으로는 불가능하대. 그래서 유리 30장만 작동시키는 쪽으로 프로그램을 수정하고 있어."

"빨리 해야 할 텐데. 피곤하겠다, 너. 어서 자. 내일도 아침부터 병든 채소 뽑아야 하니까."

그 뒤로 며칠 동안 똑같은 나날이 이어졌다. 오전에 사람들이 경작지에 나가서 병들거나 죽은 채소를 뽑고 썩은 잎과 가지들을 치는 등의 일을 하고 있을 때면, 바다와 호수를 살펴보러 나간 누군가가 떼죽음당한 물고기들을 발견하곤 했다. 그러면 우르르 몰려가서 물고기들을 건져 내 묻어야 했다.

사흘 뒤, 모두들 기다리던 회로 프로그램 수정이 드디어 끝나고 열대 우림 상공의 돔 유리를 진동시킬 준비가 되었다. 사람들은 본관 건물 옥상에서 망원경으로 지켜보기로 했다.

그런데 머천트 부장이 지나가듯이 중얼거렸다.

"가까이에서 지켜봐야 하지 않을까요?"

그러나 아무도 대답하지 않았다. 가뜩이나 대기 산소도 부족해지고 있는데 헐떡대면서 산꼭대기까지 올라가고 싶어 할 사람이 있을 리 만무했다. 게다가 며칠째 죽은 물고기를 건져 내느라 피곤하고 온몸이 근육통에 시달리고 있는데 말이다.

하지만 그렇지 않은 녀석도 있었다.

"제가 갈게요!"

남윤이 손을 들자, 어른들이 걱정스러운 얼굴로 물었다.

"힘들지 않겠어?"

남윤은 씩씩하게 말했다.

"괜찮아요. 누나가 도와줄 테니까요!"

갑자기 시선이 쏠리는 바람에, 자윤은 싫다는 말도 못하고 떨떠름한 표정만 지었다.

"좋아. 그러면 좀 넉넉하게 두 시간 반 뒤에 실험을 시작할게. 갈 수 있겠지?"

머천트 부장이 승낙하자, 남윤은 신이 나서 고개를 끄덕였다.

"저번에 너희가 내려온 산책로로 올라가는 게 가장 빠를 거야. 산꼭대기에 가면 기둥이 있어. 그 안의 승강기를 타고 올라가서 살펴보면 돼."

"알았습니다. 잘 찍어 올게요!"

남윤이 신이 나서 말했다. 자윤은 동생의 옆구리를 꼬집으면서 속삭였다.

"너, 갔다 오면 죽었어!"

남윤과 자윤은 헉헉거리며 산을 올라갔다. 근육이 뻐근해서 걸음이 점점 느려졌다.

"일 분 전이야!"

"나도 알아!"

둘이 막 승강기를 타고 올라갈 때, 승강기가 갑자기 웅웅거리면서 흔들렸다. 둘은 깜짝 놀라 벽에 기댔다.

"이러다 추락하는 거 아냐?"

자윤이 겁이 나서 소리쳤다. 남윤도 겁이 나는지 아무 말이 없었다.

승강기가 멈추고 문이 열렸다. 그러나 둘은 꼼짝도 못한 채 열린 문 사이로 위를 쳐다보고만 있었다. 1분쯤 지났을까, 진동이 멈추었다.

자윤은 "휴!" 하고 숨을 내쉬면서 말했다.

"끝난 거야?"

"설마! 흙먼지 더미가 아직 남아 있는데."

둘은 밖으로 나가서 위를 살펴보았다. 기둥 위쪽의 유리판들이 한눈에 들어왔다. 왠지 좀 밝아진 느낌도 들었다. 그렇지만 흙먼지가 완전히 사라진 곳은 거의 찾아볼 수 없었다.

"저기야. 저길 찍어야 해!"

남윤이 오른쪽 위를 가리켰다. 유리판의 기울기가 30도쯤 되는 곳이었다. 자윤이 보기에 왠지 여전히 어두컴컴한 것이, 진동의 효과가 별로 없는 것 같았다.

"다시 시작했어!"

둘은 울타리를 꽉 잡고서 유리판을 지켜보았다. 아까보다 좀 더 세게 흔들리는 듯했다. 아마 잘 안 되어서 더 세게 흔들기로 한 모양이었다. 유리판이 위아래로 울렁대는 듯도 했다.

"어, 저기 떨어지려고 해!"

남윤이 한 곳을 가리키면서 소리쳤다. 자윤이 쳐다보니 마치 메마른 진흙 바닥이 갈라지는 것처럼 두꺼운 흙먼지 더미가 갈라지면서 그 사이로 빛줄기가 쏟아졌다.

"와! 성공⋯⋯."

둘이 소리치는 순간, 갑자기 흔들림이 멈추었다.

"뭐야? 벌써 끝이야?"

자윤은 시계를 봤다.

"이번에는 30초도 안 했어. 조금만 더 하지. 그러면 몇 군데에서 완전히 떨어졌을 것 같은데."

몇 군데 유리판에서 흙먼지 더께가 갈라져서 얹혀 있었다. 한 번만 더 흔들면 떨어질 것 같았다.

둘은 그대로 기다렸다. 하지만 실험은 끝난 모양이었다. 아무리 기다려도 다시 흔들리는 기미가 없었다.

"이런, 끝났나 봐. 참, 무전기가 있었지."

남윤은 배낭에서 무전기를 꺼냈다.

"머천트 부장님이세요? 한 번만 더 하면 좋겠어요, 오버."

"안 돼. 전기를 다 썼어. 그만 내려와라, 오버."

자윤은 망원경을 꺼내 더께가 갈라진 곳을 살펴보았다. 두텁게 쌓인 흙먼지 안에 군데군데 박혀 있는 풀무치들이 보였다. 마치 콘크리트 안에 든 자갈 같았다.

"아까워. 조금만 더 했으면 몇 군데라도 떨어져 나갔을 텐데."

둘은 내려갈 준비를 했다. 실험이 실패했다는 생각에 기분이 별로 안 좋았다.

'다시 충전한 뒤에 하면 되지 않을까? 그런데 충전하는 데 얼마나 걸릴까? 일주일 넘게 걸린다면 상황이 심각해지지 않을까?'

자윤은 그렇게 생각하며 배낭을 메고 승강기 앞에 섰다. 그런데…… 남윤이 승강기 앞에 있지 않았다. 둘러보니 남윤은 사다리를 다시 올라가는 중이었다.

"야, 너 어디 가는 거야?"

"새로운 실험을 하려는 거야. 누나도 올라와."

남윤이 밑으로 고개를 내밀고 말했다.

"실험?"

자윤은 한숨을 내쉬고 사다리 발판에 발을 얹었다. 근육통 때문에 절로 신음이 나왔다.

"내가 꼭 올라가야 해? 헬멧에 달린 카메라도 있으니까 알아서 찍어!"

"안 돼! 우리는 파트너잖아! 그리고 누나가 꼭 도와줘야 해."

자윤은 이를 악물고 사다리를 기어올라 갔다. 자윤이 올라오자 남윤은 배낭을 열고 이것저것 꺼냈다.

"이게 다 뭐야?"

"나만의 실험 장치지. 저번에 보여 준 거 있잖아."

"확성기처럼 생긴 거?"

남윤이 고개를 끄덕였다.

그런데 자윤이 보기에 확성기처럼 생긴 것은 없었다. 지름이 30센티미터쯤 되는 두꺼운 원반 같은 것만 있을 뿐이었다.

"이게 그거야? 모양이 다른데?"

"응, 조립을 안 했거든. 덱스터러 씨가 이렇게 만드는 편이 장착하기가 더 쉽다고 해서. 자, 유리에 붙여야 하니까 도와줘."

자윤은 원반을 들어 올리려다가 포기했다. 별로 무겁지는 않았지만, 너무 힘들게 올라왔더니 팔이 후들거려서 머리 위로 뻗을 수가 없었다. 둘이 달려들어도 마찬가지였다. 오래 들고 있을 수가 없었다.

결국 남윤이 밑으로 내려가서 구석에 쌓여 있는 막대기들을 들고 왔다. 남윤이 접착테이프를 붙인 장치를 위로 들어 유리에 대고 누르는 동안, 자윤이 막대기들을 세워서 장치를 떠받쳤다.

"으, 팔이 떨어지는 것 같았어."

남윤이 호들갑을 떨면서 팔을 내렸다.

"이제 된 거야?"

"아니, 붙을 때까지 좀 기다려. 그런 다음 조립해야 해."

10분쯤 지난 뒤 둘은 장치를 조립했다. 다 하고 나니, 남윤이 처음에 그렸던 확성기와 그런대로 좀 비슷한 모양이 되었다.

"그런데 이게 뭐냐고?"

자윤이 묻자, 남윤은 히죽거리면서 대답했다.

"충격파 발생기야."

"충격파?"

"응. 접시에 쌀알을 올려놓고 옆에서 북을 둥둥 친다고 해봐. 그러면 접시에 있는 쌀이 흔들리잖아. 북이 일종의 충격파를 일으키는 거지."

"야, 그러면 유리가 깨질지도 모르잖아?"

"안 깨져. 엄청나게 신축성이 좋다며. 그래서 착안한 거야. 게다가 이 기둥 위의 유리는 원형이야. 안성맞춤이라고나 할까."

잠시 쉬면서 기운을 차렸는지, 남윤은 이것저것 마저 조립하고는 전선을 길게 연결했다.

자윤은 고개를 갸웃했다.

"아까 부장님이 전기를 다 썼다고 하지 않았어?"

"흐흐흐, 내가 누구야? 어젯밤에 회로를 수정하면서 이 실험에 쓸 만큼은 남겨 두었지. 축전지 하나의 회로를 따로 연결했거든."

"야! 그 전기라면 이 유리에 있는 흙먼지를 떨어낼 수도 있었잖아!"

"그 정도는 아니야. 여기에 쓸 전력은 그 실험에는 있으나 마나 한 거야. 자, 이제 내려가야 해. 충격이 있을지도 모르거든."

자윤과 남윤은 헬멧 카메라를 위로 향해 놓은 뒤, 아래 창문을 열고 밑으로 내려왔다. 남윤은 배낭에서 커다란 헤드폰을 꺼냈다. 자윤은 남윤이 정말 철저히 준비했다고 생각했다. '저 머리로 학교에서도 공부를 열심히 했다면……' 하는 생각도 들었다.

둘은 헤드폰을 썼다. 아무 소리도 들리지 않았다.

남윤은 왼손 손가락을 하나씩 구부리면서 5, 4, 3, 2, 1, 카운

트다운을 한 뒤 전선을 콘센트에 연결했다. 그 순간, 자윤은 몸이 흔들리는 것을 느꼈다.

남윤은 헤드폰을 빼면서 말했다.

"와, 누나도 충격파 느꼈지? 성공한 것 같아!"

둘은 재빨리 올라가려고 했지만, 몸이 말을 듣지 않아서 천천히 기어올라 갔다.

먼저 올라간 남윤이 환호성을 질렀다.

"우아! 성공했어!"

"정말?"

자윤이 올라가서 보니 정말로 유리 위가 환했다. 두껍게 쌓여 있던 흙먼지 덩어리가 사라지고 없었다. 그 위로 높이 철탑 같은 것이 보였고, 그 사이로 파란 하늘이 모습을 드러냈다.

"우아, 정말이구나! 넌 천재야!"

"만세! 내가 해냈어!"

둘은 아픈 것도 잊은 채, 손뼉을 마주 치고 껴안고 하면서 신이 나서 소리를 질러 댔다.

그때였다. 갑자기 위에서 툭툭 두드리는 소리가 들렸다. 둘은 위를 올려다보았다. 둘의 입이 저절로 쩍 벌어졌다.

둥근 유리창 위로 높이 솟아 있던 철탑 윗부분이 무너져 내리고 있었다. 길쭉한 쇠막대, 원판 등등 온갖 장비들이 부서져서 우르르 떨어졌다.

멍하니 그 광경을 지켜보던 자윤이 허탈하게 말했다.

"또 사고 쳤네."

옆에서 남윤이 고개를 갸웃하면서 중얼거렸다.

"너무 셌나."

둘은 갖은 인상을 쓰면서 느릿느릿 계단을 내려가고 있었다. 한 걸음 내디딜 때마다 온몸의 근육이 비명을 질러 댔다. 자윤은 이런 속도로는 날이 저문 뒤에야 내려갈 것 같다는 생각이 들었다.

자윤은 남윤을 바라보았다. 내려오는 한 시간 동안 남윤은 한마디도 하지 않았다. 늘 쉴 새 없이 조잘조잘 떠들던 녀석이 입을 꾹 다물고 있으니 정말 이상했다. '또다시 사고를 쳐서 걱정하는 게 아닐까?' 싶어서 살펴보니, 너무나 풀이 죽은 모습이었다.

"걱정하지 마. 이르지 않을 테니까."

자윤은 저도 모르게 이렇게 말했다. 남윤은 고개를 들어서 멍하니 자윤을 바라보다가 물었다.

"응? 뭐라고 했어?"

그 표정을 보니 더 불쌍하게 여겨졌다.

"네가 사고 친 거 말이야. 말하지 않겠다고."

자윤은 입에 지퍼를 채우는 시늉을 했다. 그런데 남윤의 다음 말에 자윤은 어안이 벙벙해졌다.

"아, 난 또. 그까짓 거 뭘 걱정해. 별일도 아닌데."

자윤은 자기가 착각했음을 깨달았다. 그런 일로 걱정할 녀석이 아니었다.

"그럼 왜 시무룩한 거야?"

자윤이 묻자 남윤은 얼굴을 찌푸리면서 계단에 주저앉았다.

"우리가 아까 이 지상 최대의 과제를 해결할 묘안을 내놓았잖아."

"응? 뭐라고? 아까 실패한 네 실험 말이야?"

자윤이 반문하자, 남윤은 눈을 동그랗게 떴다.

"실패라니, 무슨 말이야? 대성공을 거두었잖아!"

자윤이 기가 막힌다는 표정으로 바라보자, 남윤은 열변을 토하기 시작했다.

"누나는 위에 있던 장비가 무너져 내린 것만 생각하나 본데, 그건 사소한 문제야. 원래 대단한 실험에는 부작용이 좀 따르게 마련이거든. 중요한 건 흙먼지 더미를 완벽하게 없앴다는 사실이지."

"그래서? 해냈다고 자랑할 거야? 그 장치를 모든 유리판에 어떻게 붙일 건데? 기둥 위까지 올라가서 붙여야 써먹을 수 있는 거잖아?"

그러자 남윤은 한숨을 푹 내쉬었다.

"바로 그게 문제야. 내가 초보적인 수준의 수학을 적용해 봤어. 이 시설의 면적이 10제곱킬로미터라고 했으니까, 원이라고 생각하고 반지름을 약 2킬로미터라고 치자고. 돔도 반구라고 쳐. 그러면 돔의 겉넓이는 약 25제곱킬로미터가 되겠지. 유리판 하나의 면적은 25제곱미터니까, 나누면 여기에 유리판이 약 100만 장이 있는 셈이야."

"잠깐만. 수첩 어디에 적어 놨는데……."

자윤이 배낭을 뒤지려 하자, 남윤이 손을 저었다.

"사소한 것에 신경 쓰지 마. 100만 장 중 가장자리 쪽에 있어서 먼지가 덜 쌓인 것이 20만 장이라고 치더라도, 80만 장에서 먼지를 떨어내야 한단 말이야. 또 다른 유리는 기둥의 원형 유리보다 크니까 충격파 발생기도 커야 하지. 부품을 고려할 때, 충격파 발생기는 기껏해야 서너 개밖에 만들 수 없어. 하나를 설치하는 데 30분쯤 걸린다고 하면……."

이번에는 자윤이 손을 내저었다.

"그만, 알겠어. 네가 기막힌 해결책을 내놓았는데 실용성이 없다는 거잖아."

남윤은 한숨을 내쉬면서 고개를 끄덕였다.

"휴, 환경이 받쳐 주지를 않아서 천재적인 능력이 썩는군."

자윤은 갑자기 더 이상 듣기가 싫어졌다. 차라리 말이 없을 때가 나았다고 생각하며 일어서려 했다.

"엄마야!"

자윤은 화들짝 놀라서 비명을 질렀다. 언제 왔는지, 늑대가 가만히 지켜보고 있었다. 저번에 마주친 늑대가 분명했다.

"누나, 움직이지 마."

남윤이 떨리는 목소리로 자그맣게 말했다. 움직이려고 해도 몸이 굳어서 움직일 수 없었다. 둘이 꼼짝하지 않자, 늑대는 천천히 다가왔다.

자윤은 침을 꼴깍 삼키면서 작게 말했다.

"설마, 우리를 잡아먹으려는 건 아니겠지?"

남윤이 천천히 고개를 젓고 있는데, 늑대가 5미터쯤 앞까지 다가왔다.

남윤이 소곤거렸다.

"누나, 옆에 막대기 있어!"

"아니야. 더 위험해. 이럴 때는 가만히 있어야 해!"

둘이 속삭이든 말든 늑대는 몇 걸음 더 다가왔다. 벌어진 입 사이로 날카로운 이빨이 보였다.

"내가 막을 테니까 누나는 달아나!"

"안 돼. 움직이지 마!"

그때였다. 늑대가 고개를 숙이더니 소리를 냈다.

"낑낑."

늑대는 계속 칭얼거리는 소리를 내면서 둘을 쳐다보았다.

"혹시…… 먹을 걸 달라는 게 아닐까?"

"그럴지도 몰라. 누나, 뭐 남은 거 있어?"

자윤은 옆에 놓아두었던 배낭 안으로 천천히 왼손을 집어넣고 뒤적거렸다. 먹다 남긴 주먹밥이 손에 잡혔다.

"쟤, 밥도 먹을까?"

"아무거나 일단 줘 봐."

자윤은 주먹밥 덩어리를 앞으로 던졌다. 늑대는 고개를 숙여서 킁킁 냄새를 맡더니 먹기 시작했다. 자윤은 문득 전에 클라우드 박사가 했던 말이 떠올랐다. 그러자 두려움이 얼마간 가시는 듯했다.

"쟤, 지금 자기가 개인 줄 아나 봐."

어느새 다 먹어 치운 늑대가 킁킁거리며 다가왔다. 자윤은 겁이 좀 났지만, 밥풀이 묻은 손을 앞으로 내밀었다. 왠지 늑대의 눈이 순하게 느껴졌기 때문이다.

"누나, 그러지 마!"

늘대는 앞으로 다가오더니, 자윤의 손에 묻은 밥풀을 핥아 먹었다.

"아유, 간지러워."

자윤은 내친김에 오른손으로 늘대의 머리와 목을 쓰다듬었다. 늘대는 기분 좋은 듯 낑낑거리며 자윤의 손을 계속 핥았다.

"으, 저 침 봐. 지저분하지도 않아?"

남윤이 투덜거렸다.

자윤은 배낭을 열어서 주먹밥을 쌌던 포장지를 꺼내 펼쳤다. 늘대는 거기에 묻은 밥풀도 핥아 먹기 시작했다.

"깨끗이도 핥네. 배가 고팠나?"

둘은 말없이 늘대를 지켜보았다.

늘대가 혀로 밥풀을 말끔히 핥아 먹는 모습을 지켜보고 있을 때, 자윤의 머릿속에서 무언가 떠올랐다. 하지만 뚜렷하지는 않았다. 어떤 생각이 잡힐 듯 말 듯, 어렴풋이 맴돌고 있었다. 이윽고 다 핥아 먹었는지, 늘대가 고개를 들어 자윤을 쳐다보았다. 자윤이 더 없다고 고개를 젓자, 늘대는 낑낑거리며 고개를 돌렸다.

늘대가 사라지자 자윤은 이마를 찌푸렸다. 뭔가 떠오르려던 생각이 그대로 사라지는 듯한 기분이었다. 그때 남윤이 주먹밥 포장지를 살펴보면서 말했다.

"와, 물걸레로 닦은 것 같아."

그 순간, 자윤의 입가에 저절로 웃음이 맺혔다. 갑자기 기분이 좋아지면서 웃음소리가 튀어나왔다. 아르키메데스가 유레카를 외치며 목욕탕 밖으로 뛰쳐나온 기분을 알 것 같았다. 갑자기 변한 자윤의 표정을 보면서 남윤이 중얼거렸다.

"광견병 걸린 늑대였나?"

이미 시작된 여섯 번째 대멸종

수억 년 전 육지에서 생물들이 번성하기 시작한 이래, 지구는 5차례에 걸쳐 대규모 멸종을 겪었다. 그러나 우리는 수억 년은커녕 수십만 년이라는 시간도 이해하기가 쉽지 않기 때문에, 그런 먼 옛날에 벌어진 일을 전혀 실감할 수가 없다. 현생 인류가 출현한 것은 약 20만 년 전이고, 우리가 문명이라는 것을 구축함으로써 여느 동물들과는 다른 길로 나아가기 시작한 지는 겨우 1만 년밖에 안 되었다.

과학자들은 지금까지 지구에 300억 종의 생물이 살았을 것으로 추정하고, 현재 사는 생물은 1천만~3천만 종이라고 본다. 따라서 지금까지 살았던 생물 중 99.99퍼센트는 멸종한 셈이다. 먼 옛날에 일어난 일이어서 원인을 정확히 추정하기는 쉽지 않지만, 과학자들은 소행성 충돌, 화산 폭발, 대륙 이동 등을 대멸종의 원인으로 꼽아 왔다.

대멸종은 오르도비스기 말(4억 4천만 년 전), 데본기 말(3억 6500만 년 전), 페름기 말(2억 2500만 년 전), 트라이아스기 말(2억 1천만 년 전), 백악기 말(6500만 년 전)에 일어났다. 페름기 말에는 지구에 살던 생물 종의 90퍼센트 이상이 사라졌고, 트라이아스기 말에는 거대한 양서류가 사라지면서 공룡이 육지를 지배할 수 있게 되었다.

사실 우리 인류는 대멸종의 덕을 본 셈이기도 하다. 백악기 말에 일어난 대멸종으로 공룡들이 전멸하고 포유류의 시대가 시작되지 않았다면, 인류는 아예 출현하지 못했을 것이다. 어떤 생물들이 한꺼번에 사라져서 자연에 빈자리가 생기면, 새로운 종이 진화해서 그 빈자리를 채운다. 그것이 바로 지구의 생물들이 진화하면서 번식해 온 과정이다.

그런데 지금까지의 대멸종과 성격이 전혀 다른 대량 멸종이 현재 일어나고 있다는 증거들이 있다. 이 멸종이 색다른 이유는 우리 인류라는 한 종이 일으키고 있기 때문이다. 인류는 개간과 개발을 하면서 생물들의 서식지를 파괴하고, 환경을 더럽히고, 마구 채취하여 잡고, 외래종이나 새로운 전염병을 들여옴으로써 생물들을 빠르게 멸종시키고 있다. 커다란 새인 도도와 모아처럼 사냥해서 직접 멸종시키기도 하고, 기후와 환경에 변화를 일으켜서 현재 급속히 사라지고 있는 개구리 같은 양서류의 멸종을 촉진하기도 한다.

하와이에는 인류가 들어가기 전까지만 해도 약 130종의 새가 살았지만, 지금은 35종만 남아 있다. 게다가 그중 3분의 2는 멸종 위기종이다. 또 지구 전체에서 농경이 시작될 무렵에 있던 숲 가운데 남은 것은 절반도 채 안 된다. 게다가 그 숲도 온전하지 않고 조각나거나 훼손되어 있다. 우리가 있었는지조차 모르는 수많은 동식물들이 그 숲과 함께 사라졌다.

우리는 기후 자체를 바꿈으로써 생물의 멸종을 가속화하고 있다. 지구 온난화 속도가 빨라지면 많은 동식물들은 적응할 수 없어서 사라지고 만다. 그리고 멸종 속도가 계속 빨라지면, 그들에게 의지해 살아가는 인류의 미래도 보장할 수 없다.

7

문이 열리다

"누나, 뭔데? 말해 주라."

"아직, 생각 좀 더 하고."

그렇게 티격태격하면서 둘이 숙소까지 내려온 것은 여섯 시가 다 되어서였다. 한 시간 반이면 내려올 길을 세 시간 넘게 걸은 셈이었다.

그런데 뭔가 이상했다. 너무나 어두컴컴했다. 외등도 모두 꺼져 있고, 집 안의 불도 다 꺼져 있었다.

"뭐지? 유령 마을 같아. 우리만 남기고 다 떠난 거 아냐?"

"저기 관리동에 모여 있나 봐. 불빛이 보여."

둘은 꼬르륵거리는 배를 움켜쥐고서 후들거리는 다리로 어기적거리며 관리동으로 향했다. 불빛은 회의실에서 흘러나오고 있었다.

문을 열고 들어간 둘은 의아해서 눈을 껌벅거렸다. 전등 대신에 촛불이 켜져 있었고 향기가 가득했다.

"어서 와라. 고생했지?"

사람들이 인사를 건넸다. 둘은 절뚝거리면서 긴 의자에 철퍼덕 주저앉았다.

"저거, 촛불이에요?"

자윤이 묻자, 머천트 부장이 대답했다.

"그래. 전기가 바닥났거든. 예상보다 전력을 많이 쓰는 바람에. 그래서 보탄 박사님이 갖고 있던 향초를 켰지."

배가 몹시 고팠던 둘은 탁자에 놓여 있는 사과와 찐 감자를 허겁지겁 먹기 시작했다.

"자, 아이들도 왔으니 다시 회의를 계속하지요. 방금 말했듯이 내일이면 어느 정도 충전이 될 테니까, 생활하는 데는 불편함이 없을 겁니다."

"앞으로가 문제지요. 부장님과 클라우드 박사님은 실험이 효과가 있다고 생각하시는 거죠?"

더스티 박사가 묻자, 클라우드 박사가 대답했다.

"효과는 확실히 있어요. 조금만 더 세게 흔들었다면 분명히 떨어져 나갔을 거예요."

"하지만 전력이 문제잖아요. 겨우 몇십 장 흔드는 데에도 축전지를 다 썼잖아요."

"그 문제로 덱스트러 씨와 의논해 봤습니다. 지금까지 우리는 광합성을 고려해서 충전을 하지 않고 있었어요. 그렇지만 광합성과 관계가 적은 사막 쪽의 유리판을 이용해서 충전을 하면 되고,

돔 유리의 회로 프로그램을 수정했으니까 이제 몇십 장 단위로 조작할 수 있어요. 또 먼지를 떨굴수록 충전율도 높아질 거고요."

머천트 부장이 말하자, 더스티 박사는 고개를 저었다.

"시간이 문제지요. 지금 대기 이산화탄소 농도가 급격히 상승하고 있어요. 산호초도 벌써 녹기 시작했고요. 농경지에서도 여기저기 죽은 것들이 쌓여서 부패가 일어나고 있어요. 이러다가는 정말 시설 전체를 갈아엎어야 한다고요. 아무리 충전해서 흔들어 댄다고 해도 하루에 몇백 장밖에 흔들지 못하잖아요. 그렇게 하면 다 떨어내는 데 5년은 걸리지 않겠어요?"

그러자 클라우드 박사가 입을 열었다.

"너무 부정적으로 보시는 것 같군요. 물론 처음에는 하루에 수백 장, 아니, 기껏해야 수십 장밖에 떨어내지 못할지도 몰라요. 그러나 깨끗해지는 유리가 많아질수록 상황은 기하급수적으로 개선될 겁니다. 아시다시피 축전지는 주거 구역에만 있는 게 아니지요. 각 구역마다 측정 장비와 관리 설비를 운용하는 데 쓰는 축전지들이 있어요. 지금은 차단해 둔 것도 많고요. 그것들도 충전하면 유리를 진동시키는 데 쓸 수 있을 거예요. 깨끗해지는 유리가 많아질수록 충전 속도도 빨라질 거고요. 시설 전체의 축전지 용량과 충전 속도를 고려하면, 하루에 수백 장씩 다섯 번까지도 흔들 수 있어요. 게다가 100퍼센트 다 떨어낼 필요는 없으니까, 제 계산으로는 6개월 정도면 될 것 같습니다."

"그러기 전에 바다가 산성화해서 죽지 않을까요? 열대 우림도 썩어서 악취를 풍길 테고요."

"그쪽부터 먼저 하면 되지 않을까요? 광합성이 필요한 구역부터 청소하는 거죠."

"6개월은 일이 순탄하게 이루어진다고 가정하고서 최소한으로 잡은 기간 아닌가요?"

클라우드 박사는 고개를 끄덕였다.

"긍정적으로 생각한 기간이지요. 물론 그러려면 초기에 가능한 한 많이 청소하는 게 중요합니다만."

"유리판의 기울기는 고려한 건가요? 사막이나 바다 위의 유리판은 거의 수평으로 놓여 있잖아요. 흔들어서 청소한다는 게 가능하겠어요?"

"가능한 방법을 다 써야겠지요. 어쨌든 흩어 놓을 수는 있지 않을까요?"

"박사님이 실험을 계속하고 싶어 하는 의도는 알겠습니다. 사실 기후 모형을 연구하는 분의 입장에서는 이 상황이 더할 나위 없는 기회겠지요. 거의 접하기 힘든 유용한 자료를 많이 얻을 수 있고요. 하지만 그건 소탐대실이 아닐까요? 정작 이 시설이 심하게 파괴돼서, 우리가 원하는 진짜 거주 실험을 할 기회를 잃을 수도 있으니까요."

"제 개인적인 욕심 때문에 이러는 게 아닙니다. 오히려 예비 실험일수록 더 많은 자료를 얻으려 애써야 하는 것 아닐까요? 그래야 더 대비할 수 있고요. 정식으로 거주 실험을 할 때 지금과 같은 상황이 닥치면 어떻게 하시겠어요? 그때도 시설을 보호하자는 명목으로 실험을 중단하자고 하실 건가요? 이 시설에 많은 애정을 쏟은 건 잘 알지만, 시설을 보호하는 쪽에 너무 초점을 맞추신 것 아닙니까? 이 시설은 영구 보전하기 위한 것이 아니잖아요? 거주하고 실험하기 위한 거죠."

"그렇다고 한 번 쓰고 버리자는 시설은 아니지요. 말 그대로 천 년을 염두에 두고 설계한 거잖아요. 그러면 거주자도 그에 걸 맞은 책임 의식이 있어야 하겠지요. 망가지는 것을 보면서 무책 임하게 끝까지 가 보자고 하는 게 아니라요."

"무책임하다뇨?"

"그러면 이런 장난 같은 방안들을 대책이라고 떠들고 있는 게 무책임한 짓이 아니고 뭡니까?"

"장난 같다니요? 그러면 시설 전체를 한꺼번에 청소하는 것만 이 대책이라는 말입니까? 작은 노력이 쌓이고 쌓일 때 큰 효과 가 나타나는 겁니다. 거대한 흰개미 탑을 보세요!"

"다 치우고 새로 시작하는 게 최선이라니까요!"

두 사람이 언성을 높이자, 다른 사람들이 말리고 나섰다.

"자, 자, 두 분 다 진정하세요. 우리는 해결책을 찾으려고 이 자리에 모여 있는 겁니다. 언성을 높여 봤자 아무 도움이 안 돼요."

보탄 박사가 말하자, 더스티 박사가 벌떡 일어나더니 말없이 나가 버렸다. 사람들이 멍하니 있을 때, 클라우드 박사도 굳은 표정으로 나갔다.

"심각한걸?"

남윤이 속삭였다.

"그러네. 조금만 더 있다가 내려올걸 그랬나?"

둘이 소곤거리고 있을 때 머천트 부장이 헛기침을 하면서 입을 열었다.

"오늘 회의도 안 좋게 끝났군요. 왠지 상황이 바이오스피어2 때와 비슷하게 돌아가는 것 같네요. 그때도 거주자들끼리 감정이 상해서 치고받았잖아요."

그러자 아빠가 웃으면서 말했다.

"그렇게 안 되도록 막아야지요. 뭐, 두 분 다 이 시설에 애정이 크기 때문에 그러는 것 아니겠어요."

보탄 박사가 끄덕이면서 동의했다.

"맞아요. 생각하는 방향은 서로 다르지만, 나쁜 의도에서 하는 이야기는 아니니까요. 사실 더스티 박사가 일이 잘못될까 초조해하는 데에는 나름대로 이유가 있어요. 바이오스피어2 실험에서 일어난 주된 문제가 토양 때문이었잖아요. 그래서 토양학자인 더스티 박사로서는 다시 실패한다면 또 토양 이야기가 나올까 봐 걱정하는 거지요. 토양과 상관이 없다고 해도요."

"어쨌거나 회의는 내일 다시 열어야겠네요. 참, 덱스트러 씨 말로는 너희가 따로 기발한 실험 계획을 짰다던데, 어떻게 됐니?"

머천트 부장이 묻자, 남윤은 물 만난 물고기가 되었다. 충격파 발생기를 구상했을 때부터 장치를 작동시킨 일까지, 온갖 과장법을 섞어 가면서 신나게 떠들어 댔다.

"흠, 성공했다는 거지? 혹시 찍어 놓은 것 없니?"

머천트 부장이 묻자, 남윤은 헬멧 카메라로 찍은 영상을 화면에 띄웠다. 유리판이 흔들리면서 희끄무레한 충격파가 발사되는 순간, 흙먼지 더께가 폭발하듯이 하늘로 튕겨 나가는 광경이 보였다.

"와! 대단한데!"

보던 사람들이 탄성을 내질렀다. 그리고 남윤의 머리를 쓰다듬고 어깨를 두드리고 하면서 정말로 놀랍다는 둥 칭찬을 했다. 남윤은 입이 귀에 걸리도록 희죽거렸다. 그러다가 문득 생각난 듯이, 부랴부랴 동영상을 정지시키려 했다.

그러나 이미 늦었다. 사람들은 설비가 무너져 내리는 광경을 말없이 지켜보았다.

잠시 뒤 아빠가 붉으락푸르락한 얼굴로 나직하게 물었다.

"파괴된 게 뭔가요?"

머천트 부장은 설비가 떨어져 내리는 장면을 되돌려 보면서 대답했다.

"여러 가지인 것 같은데요. 통신 장비도 있고 측정 장비도 있고, 저 네모난 장치는 항공 우주국에서 설치한 것 같고, 저 검은 건 국방부에서 설치한 거고, 저 길쭉한 건 어느 기관에서 설치한 건지 모르겠네요. 워낙 많은 기관들이 여기에 장비를 설치해서요."

잠시 침묵이 흘렀다. 남윤은 어느새 고개를 푹 숙이고 있었다. 자윤은 남윤이 그저 뉘우치는 척할 뿐이라고 짐작했다. 그런데 자세히 보니, 이번에는 진짜로 긴장한 것 같기도 했다.

'저 녀석이 사실은 내려올 때부터 심란했던 거 아닐까? 좋아, 이 누나가 해결해 주지.'

자윤은 누나의 진가를 발휘하기로 했다.

"저……, 시설을 망가뜨린 건 죄송하지만, 제가 저걸 보는 동안 한 가지 생각이 떠올랐거든요."

사실은 늑대가 밥풀을 말끔하게 핥아 먹는 모습을 보면서 떠올린 거지만 무슨 상관이랴. 남윤을 바라보던 시선들이 자윤을 향했다.

"뭐냐 하면요, 자석 청소기예요."

"자석 청소기?"

"네. 십 년 전까지도 가끔 쓰였대요. 유리 안쪽 면과 바깥쪽 면에 음극과 양극이 끌어당기도록 자석을 맞대는 거죠. 안쪽 자석을 움직이면 바깥쪽 자석이 따라서 움직이잖아요? 바깥쪽 자석에 먼지떨이를 붙이면 유리 바깥 면이 청소되는 거예요."

"맞아! 그런 방법이 있었구나!"

머천트 부장이 탄성을 터뜨렸다.

"돔 유리 안쪽에 강력한 자석을 붙여서 바깥에 떨어진 저 금속 조각들을 움직여 먼지를 쓸어 내자는 거지?"

"네. 쇳조각이 많으니까, 자석만 많다면 여러 유리를 한꺼번에 닦을 수 있어요. 전기를 쓸 필요도 없고요. 유리가 수평으로 놓인 곳도 닦아 낼 수 있어요."

"정말 기발한 생각이야. 그런데 누가 유리에 달라붙어서 움직여야 할 텐데."

"그 문제도 생각해 봤는데, 경작지를 관리하는 거미 로봇들이 있잖아요. 그 로봇의 배에 자석을 붙여서 올려 보내는 거예요. 로봇들의 발도 도마뱀붙이 원리로 만들었으니까 유리에 잘 달라붙겠지요. 그러면 로봇들이 움직이면서 청소하는 거죠."

사람들은 입을 쩍 벌렸다. 남윤조차 눈을 동그랗게 뜨고 자윤을 바라보았다.

잠시 뒤 머천트 부장이 덱스트러 씨를 돌아보았다.

"가능할까요?"

"강력한 전자석을 만들어 붙이면 될 것 같네요."

"흙먼지가 두껍게 쌓였는데 작은 로봇이 움직일 수 있을까요?"

그러자 아빠가 말했다.

"여러 대가 함께 움직이게 하면 될 것 같아요. 개미 군체가 큰 먹이를 함께 나르듯이 프로그램을 짤 수 있을 것 같네요."

"일단 비탈진 곳부터 해 보면 어떨까요?"

어른들은 갑자기 신이 나서 토의를 시작했다. 그러다가 머천트 부장은 자윤과 남윤을 돌아보며 말했다.

"더스티 박사님과 클라우드 박사님을 모셔 올래? 긴급회의를 연다고 말이야."

둘은 고개를 끄덕이고 일어섰다. 근육통 탓에 인상을 찌푸리면서도 남윤은 하고 싶은 말을 했다.

"제가 저걸 부순 덕분에 누나가 생각해 낸 거예요."

그러자 사람들이 깔깔 웃으면서 말했다.

"맞아. 네가 정말 대단한 일을 했어."

어른들이 잘했다고 어깨와 등을 두드려 주자, 남윤은 신이 나서 앞서서 나갔다.

둘은 따로 가서 두 사람을 찾아가려고 했지만, 그럴 필요가 없었다. 두 박사가 저쪽 야외 탁자에서 이야기를 나누고 있었기 때문이다. 자윤이 다가가자 두 사람의 말소리가 들렸다.

"아까 욱하는 마음에 실수를 했습니다."

"저야말로 죄송합니다. 겨우 두 달밖에 안 지났는데 벌써 이렇게 감정을 잃다니요."

"맞아요. 2년도 지내야 하는데 말이지요."

"그나저나 실험을 계속하려면 또 다른 대책이 더 나와야 할 텐데요. 제 생각에는 아무래도 진동 방식으로는 부족할 것 같아요."

더스티 박사가 말하자, 클라우드 박사도 고개를 끄덕였다.

"동의합니다만, 저는 낙천주의자라서요. 이 방법을 쓰다 보면 다른 방안도 나오지 않겠어요?"

그때 남윤이 소리쳤다.

"벌써 나왔어요. 우리가 기막힌 방안을 내놓았거든요."

두 박사가 남윤을 돌아보았다.

"정말이니?"

클라우드 박사가 호들갑을 떨면서 묻자, 남윤은 신이 나서 대답했다.

"그럼요. 그래서 모시러 왔어요. 긴급회의를 연대요."

남윤은 두 박사와 함께 돌아가면서 열심히 떠들어 댔다. 자윤이 내놓은 방안은 둘이 함께 짜낸 묘책으로 둔갑했다.

"흐흐."

자윤은 계속 헤헤거리는 남윤을 보면서 한마디 쏘아붙였다.

"그만 히죽거려!"

"누나, 이거야말로 꿩 먹고 알 먹고야. 신나게 부수는데도 좋은 일을 한다는 거잖아."

남윤이 스위치를 올리자, 진동이 일어나면서 충격파가 위로 향했다. 그리고 위에 설치되어 있던 장치들이 부서져 내렸다.

머천트 부장은 나온 방안들을 재단에 알렸고, 재단은 시급한 조치가 필요하다는 점을 감안하여 돔 기둥 위에 설치되어 있는 장비들을 부숴도 좋다고 허가했다. 그래서 남윤과 자윤은 기둥마다 올라가서 수많은 공공 기관과 기업들이 설치한 온갖 장비들을 신나게 부수고 있었다.

거미 로봇들은 유리 표면을 우르르 돌아다니며 필요한 곳에서 배에 붙은 전자석을 작동시켰다. 유리판 진동은 거미 로봇이 청소하기 쉽도록 흙먼지와 풀무치가 쌓인 더께를 뒤흔들어서 헝클어 놓는 용도로 쓰였다. 시간이 지나면서 마치 떡처럼 굳어 가고 있었기 때문이다.

먼저 살짝 흔든 뒤 로봇들이 달려들어서 청소하기 시작하자, 더께가 예상보다 빨리 걷히고 있었다. 일주일도 지나지 않았는데 열대 우림은 벌써 본래 모습을 되찾아 가고 있었다. 이 속도라면 곧 하루에 수천 장까지도 닦아 낼 것 같았다. 로봇들은 밤에도 잠을 자지 않으니까.

남윤이 충격파 발생기를 다시 분해하는 동안, 자윤은 아래로 내려와서 사방을 둘러보았다. 어두컴컴한 이 호수 상공과 더께가 걷혀서 햇살이 환하게 비치는 열대 우림이 선명하게 대비되었다. 세상을 뒤덮었던 먹구름이 걷히면서 눈부신 햇살이 쏟아지는 듯했다.

"정말 햇빛이 중요하구나."

자윤이 중얼거리자, 장치를 챙겨서 내려오던 남윤이 심드렁하게 말했다.

"새삼스럽게 왜 뻔한 말을 하는 거야?"

"어휴, 이런 게 바로 감상이라는 거야. 아름다운 자연을 가만히 지켜보고 있어 봐. 가슴이 뭉클해지면서 뭔가 깨달음을 얻는 듯한 기분이 들 때가 있어."

"나는 그런 기분 느낀 적 없는데?"

"아직 어리니까."

"아, 생각해 보니 나비나 거미 같은 것을 관찰하면서 신기해한 적은 있구나."

"쯧쯧. 옛말에 있지. 나무가 아니라 숲을 보라고 말이야. 조그만 거 하나를 볼 때도 신비롭지만, 지금은 자연 전체를 관조할 때의 느낌을 말하는 거야. 뭔가 마음속이 꽉 차오르는 듯하면서 세상을 통달한 듯한……."

"어유, 그러셔요? 이미 다 아는 내용인데? 태양 에너지를 조류와 식물이 가두고, 그 에너지가 먹이 사슬을 따라 동물들에게 전달되고, 그 생물들과 환경이 모여서 생태계를 이루고, 생태계가 모여서 생물권이 되고, 생물권 전체로 공기와 에너지와 물질이 순환한다는 등등. 자연에 관한 내용은 책에서 다 읽은 거잖아."

왠지 남윤이 뭔가 의도를 갖고 비꼬는 듯했지만, 자윤은 느긋하게 대꾸했다. 멋진 풍경을 보면서 깨달음을 얻은 뒤라, 남윤과 티격태격하는 것이 쪼잔하게 느껴졌다.

"책으로 읽는 것과 자연을 직접 마주하면서 느끼는 건 다른 거야."

그러자 남윤은 눈을 빛내며 히죽 웃었다.

"오호, 그게 깨달음이라는 거구나. 처음에 여기 들어왔을 때 내가 비슷한 말을 한 것 같은데, 책벌레 씨?"

"너는 아무 생각 없이 한 말이고. 공자와 네가 똑같은 말을 한다 해도, 무게가 다른 거야. 깊은 깨달음을 얻은 사람과 그렇지 못한 사람이 한 말이 똑같을 리가 없지. 지금 나는 깨달음을 얻어서 한 말이거든."

"무슨 깨달음인데? 스승님, 알려 주세요."

그러자 자윤은 말문이 막혀서 재빨리 승강기 버튼을 눌렀다.

"말로 들어선 몰라. 직접 느껴 봐야 아는 거야. 어서 내려가자. 빨리 하고 잡초 뽑으러 오라고 했어!"

농사짓던 로봇들을 모두 유리 청소에 이용하는 바람에, 잡초를 뽑고 물을 주고 열매를 따고 하는 일을 사람들이 해야 했다. 어쩌면 나갈 때까지 잡초를 뽑아야 할지도 몰랐다.

밑으로 내려온 둘은 스쿠터를 타고 다음 기둥으로 향했다.

스쿠터가 멈췄다. 자윤은 내려서 헬멧을 벗으며 물었다.

"야, 우리 나가기 전에 사막 횡단 할래?"

일단 죽이 맞자, 둘은 그동안 못했던 모험을 다 하겠다는 태도로 쉴 새 없이 돌아다녔다. 물론 위험도 무수히 겪었다. 호수를 건너다가 배가 뒤집혀서 물에 빠지기도 하고, 산호초에서 다이빙하다가 온몸을 긁히기도 하고, 잣을 따겠다고 올라갔다가 옷이 온통 송진으로 뒤범벅되기도 하고, 새끼 코끼리를 만지려 하다가 어미가 다가오는 바람에 숨이 턱에 차도록 달아나기도 했다.

"하나만 묻어서는 안 될 것 같아. 누가 캐내서 버릴 가능성이 있거든."

자윤이 말했다. 둘은 플라스틱 병에 이것저것 적은 종이를 넣고 타임캡슐이라며 주거 구역에 있는 기둥 옆에 묻으면서 낄낄거리는 중이었다.

"그러면 다섯 군데?"

남윤의 말에 자윤은 고개를 끄덕였다. 그러다가 문득 어떤 생각이 떠올랐다.

"열대 우림의 나무줄기 안에도 하나 넣자. 왜 영화에 가끔 나오잖아. 우리의 먼 후손이 몇백 년 묵은 나무 안에서 타임캡슐을 찾아낸다고 생각해 봐."

"누나, 좋은 생각이긴 한데, 열대 우림의 나무가 수백 년 동안 살아 있을 리가 없잖아?"

"그래, 네 말이 맞아. 수백 년 동안 사는 나무는 사람들이 잘 돌보는 동네 어귀에 사는 거지."

자윤은 주위를 둘러보았다. 야외 탁자 옆에 자라고 있는 느티나무가 보였다. 잘 모르겠지만 한 2, 30년은 되어 보였다. 남윤을 돌아보자, 히죽 웃으면서 눈을 마주쳤다. 둘은 재빨리 사다리를 가져와 나무에 걸쳤다. 다행히 어른들은 각자 맡은 일을 하느라 주거 구역을 떠난 상태였다.

"동영상을 찍은 메모리를 넣는 게 어때? 경이로운 탐험가의 모습을 먼 후손에게 보여 주는 거야."

남윤이 말하자, 자윤은 고개를 저었다.

"쯧쯧, 재생할 장치가 아예 없을걸? 20세기 사람들이 썼던 플로피 디스크를 생각해 봐. 재생하려면 아마 박물관에 가야 할걸? 장치를 구했다고 해도 재생이 안 될 거야. 보존 연한이 한참 지났을 테니까. 전자 기기는 다 마찬가지라고."

자윤의 말에 남윤은 실망한 표정을 지었다. 그러더니 갑자기 집으로 달려갔다. 뭔가를 가져오려는 모양이었다.

자윤은 뭘 넣을까 고민하다가 주머니에서 수첩을 꺼냈다. 그래도 꽤 정성껏 기록한 수첩이라 아쉽긴 했지만, 여기에 놓고 가는 편이 더 나을 듯도 싶었다. 자윤은 수첩의 마지막 장을 펼쳐서 작별 인사를 하듯이 적어 내려갔다.

수첩아, 안녕.

그동안 너와 함께해서 정말 기뻤어. 이런 곳이 아니었다면 너를 만나는 기쁨을 결코 누릴 수 없었을 거야. 그냥 휴대전화에 대고 녹음을 했겠지. 나중에 휴대전화를 바꾸면 어디에 처박아 뒀다가 내버릴 테고.

하지만 너를 만나 찬찬히 기록하면서 많은 것을 느낄 수 있었어. 조사한 것을 꼼꼼하게 적으면서 흐뭇함도 느꼈고, 모험하면서 떠오르는 생각을 재빨리 적을 때는 흥분도 느꼈지. 전망대에서 풍경을 가만히 내려다볼 때 뭉클거리며 솟아오르는 감상을 적는 행복도 맛보았고. 나중에 다시 읽으면서 '내가 그때 이런 생각을 했구나.' 하는 어색하면서도 성숙한 느낌도 받았고 말이야.

다 네 덕분이야. 네가 없었다면 이곳에서 한 좋은 경험들이 메모리 칩 하나에 담겼다가 그냥 사라졌겠지. 네 덕분에 온갖 생각과 감상을 차분하게 적으면서 되새길 수 있었어. 고마워.

내 평생 두고두고 펼쳐 보고 싶은 마음이 굴뚝같지만, 아무래도 이제 헤어지는 편이 나을 것 같아. 혹시라도 먼 훗날 내가 여기에 온다면 다시 만날 수 있을 거야. 그렇지 않으면 수십 년, 아니, 수백 년 뒤의 누군가가 너를 찾아내겠지. 그리고 이 시설이 처음 생겼을 때 누군가 멋진 탐험을 했다는 사실을 알게 되겠지.

막상 헤어지려니 눈물이 나려고 하네. 그럼 안녕!

자윤은 날짜와 이름을 적고서 수첩을 빈 플라스틱 병에 넣었다. 남윤이 달려오는 모습이 보였다.

"누나, 사진 뽑았어."

한두 장이 아니라 수십 장이나 되었다. 둘은 자신들의 모험 장면이 담긴 사진들을 보면서 낄낄거렸다. 처음에는 몇 장만 골라서 넣을 생각이었지만, 그냥 다 넣기로 했다.

둘은 사다리를 타고 올라갔다. 갖가지 모험을 한 뒤라 나무에 오르는 것은 일도 아니었다. 둘은 굵은 가지들이 갈라지는 곳까지 기어 올라가서 여기저기 살펴보았다.

"누나, 저기 구멍이 있어. 딱따구리가 판 것 같아."

둘은 그곳으로 가서 주머니칼로 구멍을 조금 더 넓힌 다음, 플라스틱 병을 쑤셔 넣었다.

"나무가 자라면서 덮지 않을까?"

"그래도 상관없지."

둘은 곳곳을 돌아다니면서 나머지 타임캡슐도 다 묻었다.

"다 끝났다고 생각하니까 좀 아쉽기도 하네."

자윤과 남윤은 초원과 숲의 가장자리를 따라서 터벅터벅 걸었다.

"그래, 이 녀석도 그리울 거야."

자윤이 말하면서 옆을 돌아보았다. 언제 왔는지 늑대가 옆에서 따라 걷고 있었다. 셋은 말없이 걸었다.

그러다가 남윤이 불쑥 말했다.

"누나, 우리 30년 뒤에 와서 하나만 꺼내 볼까?"

자윤은 말없이 고개를 끄덕였다.

어느덧 문이 열릴 시간이 다가왔다. 실험이 끝나기 전날, 사람들은 회의실에 모였다.

"정말 감개무량하네요. 겨우 석 달에 불과한데 이런 기분이 들 줄 몰랐어요."

보탄 박사가 말하자, 모두 고개를 끄덕였다.

"뜻밖의 사건을 겪었으니까요. 별일 없이 흘러갔다면 지루해서 미쳤을지도 모르지요."

아빠가 말하자, 여기저기서 웃음이 터졌다.

"감회가 가장 남다를 분은 더스티 박사님이실 텐데, 어떤 기분이신가요?"

머천트 부장이 묻자, 더스티 박사는 홀가분하다는 표정으로 말했다.

"이런저런 일이 있었지만, 무사히 실험을 끝내서 저도 기쁩니다. 물론 저는 실험을 중단하자는 쪽이었지만, 자윤과 남윤이 그렇게 놀라운 방안을 내놓을 줄은 몰랐어요. 그럴 줄 알았으면 좀 더 지켜보자고 했을 텐데요."

"한마디로 잘못 생각하셨다는 거죠?"

클라우드 박사가 농담처럼 묻자, 더스티 박사는 빙긋 웃으면서 고개를 저었다.

"천만에요. 그 상황에서는 제 판단이 옳았다고 믿습니다. 적어도 창의적인 아이디어가 나오기 전까지는요. 원래 그런 아이디어는 쉽게 나오는 법이 아닌데, 어떻게 나왔을까요?"

"한국 속담에 하늘이 무너져도 솟아날 구멍이 있다고 했어요. 위기에 놓이면 기막힌 해결책이 나올 수 있지요."

아빠의 말에 모두 웃었다.

"그럴 수 있지요. 위기 상황에서는 몸도 머리도 긴박하게 돌아갈 테니까요. 하지만 언제나 그렇다고는 장담할 수는 없지요. 그런 태도는 냉철한 판단보다는 요행을 바라는 것일 수도 있으니까요. 어쨌든 저로서도 이 예비 실험이 저 자신을 돌아보는 계기가 됐습니다. 같이 지내는 사람들과 함께 문제를 해결하려는 자세보다는 조성된 시설 자체를 보존하는 문제에 너무 집착하지 않았나 반성하고 있어요. 다음번에는 좀 더 여유를 갖고 멀리 내다볼 수 있을 것 같습니다."

"왠지 반성하는 분위기로 흐르네요. 저도 반성 좀 하겠습니다. 저는 이 시설을 계획하던 단계부터 참여했기 때문에, 이곳을 속속들이 다 안다고 자부해 왔습니다. 그래서 이곳이 폐쇄됐을 때도 전혀 걱정하지 않았지요. 어떤 문제가 생겨도 해결할 수 있다고 자신했으니까요. 그런데 이번 일을 겪으면서, 그런 자신감이 철저히 무너져 내렸습니다. 도무지 해결할 방법이 떠오르지 않았거든요. 겉으로는 태연한 척하고 있었습니다만, 사실 고민하느라 계속 밤잠을 설쳤어요. 여기 계신 여러분의 도움이 없었다면, 스트레스로 쓰러지고 말았을 겁니다. 이렇게 무사히 실험을 끝냈다는 것 자체가 기적입니다."

어른들이 이런저런 감회를 이야기한 다음 자윤에게도 한마디 하라고 했다. 자윤은 우유를 한 모금 마시고 입을 열었다.

"저는 겁부터 먹었던 것 같아요. 그냥 구경이나 하러 왔다가 갇혔다는 생각이 들었거든요. 그런데 돌이켜보니 제가 낯선 곳, 낯선 상황에 놓이는 것 자체를 꺼렸던 게 아닐까 하는 생각이 들어요. 익숙한 곳에서 편안하게 지내고 싶은 마음이 강했나 봐요."

"누구나 그래. 여기 있는 사람들 모두 들어와서 그저 편하게 지내고 싶어 했을 거야. 어둠 속에 갇히는 일 따위는 일어나지 않기를 바라면서 말이야. 낯선 상황에 처하는 것은 누구나 싫어하기 마련이야. 겁부터 나고 말이지."

보탄 박사가 말하자, 남윤이 냉큼 대꾸했다.

"하지만 모험심이 강한 사람도 있잖아요. 늘 새로운 것을 추구하는 사람도 있어요."

자윤은 남윤의 머리를 쥐어박았다.

"그리고 말썽을 일으키지?"

"왜 이러셔? 저도 문제를 일으킨 점은 반성해요. 그렇지만 제가 말썽을 부린 덕분에 누나가 해결책을 내놓을 수 있었잖아요."

그러자 클라우드 박사가 빙긋 웃으면서 말했다.

"그래, 네 말도 맞아. 사실 이런 시설에서는 규칙을 잘 지키는 사람만 필요한 게 아니거든. 자연에서도 별난 녀석이 새로운 세상을 열 수 있지. 남들이 안 가는 곳을 돌아다니다가 새로운 서식지를 발견할 수도 있고, 남들이 안 먹는 열매를 쪼아 대다가 새로운 먹이를 발견할 수도 있거든. 마찬가지로 모험심이 강한 사람들이 있어야 이런 시설을 만들 생각도 하지."

"거봐!"

남윤이 어깨를 으쓱할 때, 더스티 박사가 말했다.

"하지만 사람들 사이의 조화도 중요하다고 생각해. 이런 고립된 곳에서는 더욱 그래. 나도 그런 면에서 반성하고 있어. 폐쇄됐다는 점을 생각하지 않고 으레 하던 대로 행동했지. 바뀐 상황도 고려해야 하는데 말이야. 남을 좀 더 배려하고 생각해야 한다는 걸 깨달았어."

"그건 저도 그래요. 제가 아무 생각 없이 말썽만 일으키는 것 같지만, 저도 이번에 반성을 좀 했거든요."

남윤이 헤헤거리면서 말하자, 사람들이 웃음을 터뜨렸다.

"그래, 우리가 보기에도 좀 성숙해진 것 같다. 허구한 날 싸우기만 하던 누나와도 잘 지내고 있고."

보탄 박사가 말하자, 아빠가 살짝 눈살을 찌푸리는 척했다.

"이런 상황에서는 협력해야 한다는 것을 알게 모르게 체득한 거죠. 하지만 밖에 나가면 곧 원래대로 앙숙으로 돌아갈걸요."

"안 그래요!"

자윤과 남윤이 동시에 소리치자, 아빠가 빙긋 웃으며 말했다.

"제발 그러기를 빈다."

실험을 무사히 끝내서 기분이 좋은지, 누가 말을 할 때마다 여기저기서 웃음이 터져 나왔다.

머천트 부장이 다시 말했다.

"여기서 한 가지 더 말하자면, 아무래도 이 실험 결과는 좀 논란이 될 것 같습니다. 실험을 시작할 때만 해도 우리는 자연이 이런 엄청난 변덕을 부릴 거라고는 생각도 못했지요. 더 중요한 것은 우리 자신에게 어떤 능력이 있는지도 전혀 몰랐다는 점입니다. 자연뿐 아니라 우리 거주자들의 행동도 지금까지 예측했던 틀에서 좀 벗어났어요. 이 자리에서 솔직히 말하자면, 저는 우리 박사님들이 예기치 않은 상황에서도 뛰어난 능력을 발휘할 거라고 기대했어요. 그런데 박사님들은 왠지 자신의 전문 분야에 너무 갇혀 있지 않았나 하는 생각도 듭니다. 뜻밖에도 우리 자윤과 남윤, 그리고 텍스트러 씨가 더 놀라운 재능을 보여 주었어요. 고맙다는 의미에서 박수를 보내 드리도록 할까요."

모두가 박수를 쳤다.

"그러면 모두 편히 쉬세요. 내일 아침 10시에 나가기로 하겠습니다."

숙소로 돌아온 자윤은 짐을 챙기려 했다. 그런데 막상 챙기려하니 챙길 짐이 없었다. 어차피 들어올 때 빈손으로 왔으니 말이다. 그래도 입던 옷가지라도 챙겨서 나가자고 생각했다. 텍스트러 씨가 여러 가지 물건과 함께 자신과 남윤이 입으라고 갖다준 옷이었다.

옷을 정리하다가 자윤은 문득 이상한 생각이 들었다.

'그런데 이 옷은 어디에서 난 거지? 학교에 다니는 청소년이 여기에서 2년 동안 지내는 일은 애초 계획에 없었을 텐데? 어른들 옷은 있어야겠지만, 아이들 옷이 여기에 있을 필요가 없지 않을까?'

그렇게 생각하니 왠지 음모의 분위기가 풍기는 것도 같았다. 남윤이 시설을 폐쇄시키고 장비를 망가뜨리고 해도, 아빠 말고는 어느 누구도 심하게 화내는 기색이 없었다. 때마침 학기가 끝날 무렵에 시설이 폐쇄된 것도 그렇고. 단순한 공사장 인부처럼 보였던 덱스트러 씨가 위기가 닥칠 때마다 놀라운 능력을 발휘한 것도 그랬다.

'혹시 우리만 몰랐을 뿐, 계획된 실험이 아닐까? 화성에 청소년을 데려갔을 때 어떤 일이 일어날지 예비 실험을 한 게 아닐까?'

한번 떠오른 음모론은 갖가지 의심스러운 정황들과 연결되면서 꼬리에 꼬리를 물며 이어졌다.

'혹시 엄마도 가담한 것 아닐까? 여기 갇혔다고 알렸을 때 걱정하는 기색이 전혀 없었잖아? 남윤은? 충동질을 받아서 고의로 폐쇄시킨 것은 아닐까?'

그러다가 문득 그렇든 아니든 굳이 따질 필요가 없다는 생각이 들었다. 자신에게 소중한 것은 바로 이 경험 자체였다. 그 밖의 것은 사소한 문제일 뿐이었다. 그렇게 생각하니 좀 아쉬운 마음도 들었다. 마지못해 억지로 남윤에게 끌려다니기보다는 처음부터 적극적으로 탐사했다면 더 좋았겠다는 생각이 들었다.

그때 방문이 벌컥 열렸다. 노크 좀 하라고 빽 소리치려는 순
간, 남윤이 먼저 외쳤다.

"누나, 생각해 보니 우리가 야간 모험을 한 번도 안 했어!"

지구 온난화와 대책

바이오스피어2 실험은 대기 이산화탄소 증가가 심각한 문제를 일으킬 수 있으며, 생태계에서 생물들이 어떻게 행동하고 기후가 어떻게 변할지를 예측하는 데 한계가 있음을 보여 준다. 그것이 바로 지구 온난화와 그 피해 정도를 놓고 논란이 벌어지는 이유 가운데 하나다. 우리가 속속들이 파악할 수 없을 만큼 생물과 환경 사이의 상호 작용이 너무나 복잡하기 때문이다.

지구의 기후는 태양과 지구 대기의 합작품이다. 태양 복사가 지표면을 따뜻하게 데운다. 데워진 지표면은 적외선, 즉 열을 방출한다. 적외선은 바깥 우주로 빠져나가는데, 그중 일부를 대기의 온실가스가 차단한다. 온실가스는 담요처럼 지구를 뒤덮어서 적외선을 가두거나 다시 지표면으로 돌려보냄으로써 지구를 덥힌다. 그것이 온실 효과다. 온실가스가 없었다면 지구는 지금보다 훨씬 추웠을 것이다. 햇빛이 강한 적도 쪽이 가장 더워지고, 적도의 열기는 대기와 바다의 흐름을 통해 극지방으로 전달된다. 그럼으로써 세계 각지의 기후와 날씨가 정해진다.

인류가 배출하는 온실가스는 이 온실 효과를 강화함으로써 기후와 날씨, 생태계에 변화를 일으킨다. 온실가스에는 이산화탄소, 메탄, 질소 산화물 등 여러 종류가 있다. 그중 가장 중요한 역할을 하는 것은 이산화탄소다. 대기 이산화탄소 농도는 화석 연료의 연소, 숲 파괴 같은 인간 활동으로 크게 증가해 왔다. 산업 혁명이 시작된 18세기 이래로 약 30퍼센트가 증가했다. 지구의 기온도 덩달아 올라갔다. 지난 100년 동안 세계 평균 기온은 섭씨 0.6도가 상승했다. 미미해 보이지만, 지난 1만 년 동안 일어난 기온 변화 속도에 견주면 훨씬 빠르다. 이 추세는 계속 이어지고 있다.

지구 온난화가 진행되면 적도에서 남북극으로 열이 전달되는 과정이 더욱 격렬해진다. 그러면 대기와 바다의 순환, 각 지역의 기상 활동에 변화가 오며, 태풍·홍수·가뭄 같은 극단적인 기상 현상이 더 잦아지고 심해진다. 인류가 지금처럼 온실가스를 배출한다면 금세기 말에는 기온이 섭씨 1.1~6.4도 올라갈 것으로 예측된다. 그러면 해수면이 높아져 해안의 많은 도시들이 피해를 입고, 경작 환경이 바뀌어 낯선 해충과 전염병이 퍼지면서 온갖 문제가 일어나고, 수많은 환경 난민이 발생할 수 있다.

인공 생태계는 온난화에 생물들이 어떻게 반응하고 어떤 대책이 어떤 효과가 있는지를 연구하는 데 도움이 될 수 있다. 그렇지만 온난화의 근본적인 대책은 인구를 줄이고, 화석 연료의 사용을 줄이며, 생산과 소비를 환경 친화적으로 하는 것이다. 인구가 계속 늘어나면 지금 남아 있는 숲과 초원까지 개발할 수밖에 없고, 화석 연료의 사용을 줄이지 않으면 온실가스가 계속 배출되기 때문이다. 우리의 삶을 환경 친화적으로 바꾸는 노력이 필요하다.

드라마에 나올 법한 멋진 저택을 상상해 보자. 정문을 지나면 정원에는 산뜻하게 다듬은 갖가지 모양의 나무들 사이로 화강암이나 대리석으로 덮은 깔끔한 길이 펼쳐져 있다. 멋지지 않은가?

굳이 저택까지 갈 것도 없다. 오늘날 도시의 아파트 단지도 별다를 바 없다. 때가 되면 나무의 가지를 치고 꽃을 심고 약을 치고 하면서 화단을 가꾸고 인도를 말끔히 청소한다. 매일 보아서 식상해졌을 뿐이지, 우리가 도시에서 원하는 인위적인 자연의 모습을 고스란히 보여 준다. 아파트 단지뿐 아니라, 도시의 공원, 길가의 화단과 가로수도 마찬가지다.

오늘날 인류는 절반 이상이 도시에 살고 있으며, 시간이 흐를수록 그 비율은 더 높아지고 있다. 도시는 잘 정비된 위생 설비와 편의 시설을 고루 갖추고 있어 살기에 무척 편하며, 깨끗하고 단정한 느낌을 준다. 바로 자연을 관리하기 때문이다.

인류는 이렇게 자연에 거리를 두고 관리하는 대상으로 삼음으로써, 고도의 문명을 이루었다. 만약 관리되는 자연을 더 크게 확장한다면 어떨까? 온실·동물원·아쿠아리움보다 더욱 크게, 축구장 수백 개가 들어갈 만큼 넓은 공간에 조성한다면? 전 세계의 자연을 한데 모아 놓고 가꾸면서 원하는 대로 감상하고 탐험하며 즐길 수 있다면 어떨까? 바이오스피어2 같은 인공 생태계를 조성하던 이들의 마음속에 그런 욕구가 숨어 있지 않았을까?

그러나 자연은 인간의 의도를 벗어난다. 바이오스피어2는 무엇보다도 우리가 원하는 대로 생물이 움직여 주지 않는다는 것을 잘 보여 준 사례다. 이는 여러모로 반면교사로 삼을 수 있다. 이 책에서 구상한 내용도 거기에서 착안한 것이다.

바이오스피어2 실험 이후에도 과학자들은 많은 연구를 해 왔다. 어느 한 생태계만이 아니라 지구 전체의 열, 에너지, 대기와 물, 지각, 심지어 맨틀과 핵의 움직임, 태양의 활동까지 고려하여 체계적으로 연구하기도 한다. 하지만 지식과 지혜가 점점 늘어갈수록, 우리가 얼마나 우물 안 개구리였는지 더욱 실감하게 된다. 연구를 하면 할수록 생물과 환경에 대해 우리가 모르는 사실이 더 많이 드러나기 때문이다.

우리는 아직도 생물들이 어떻게 상호 작용을 하는지 거의 모른다. 그들이 이 지구 자체를 생물이 살 만한 곳으로 바꾸어 왔다는 사실도 이제야 깨닫기 시작했다. 그리고 인류가 그들에게 입힌 피해가 우리에게 고스란히 돌아오고 있다는 사실도 그렇다. 우리가 환경과 생물 다양성을 보전해야 하는 이유도 그 때문이다. 환경이 파괴되거나 종들이 사라질 때 어떤 일이 벌어질지 우리는 알 수 없다. 또한 우리는 기후가 바뀔 때 어떤 일이 일어날지 추측만 할 수 있을 뿐이다. 하지만 그것이 바람직한 방향이 아니라는 것을 체험하고 있다. 점점 더 강해지는 폭우, 가뭄, 태풍, 전염병 등을 접하면서 모호하게나마 느끼고 있다.

피해를 입는 것이 우리만은 아니다. 우리는 오염, 자연 환경 파괴, 기후 변화로 해를 입고 있지만, 지구에는 우리보다 더 피해를 입는 생물들이 많다. 그리고 그 생물들이 하나둘 사라져 갈수록 우리가 입을 피해도 더욱 커져 간다. 그들이야말로 지구를 살 만한 곳으로 유지하는 존재이기 때문이다. 우리가 계속 살아가고자 한다면, 다른 생물들과 공존하는 법을 배워야 한다. 그리고 그들이 어떻게 살아가고 무슨 일을 하는지를 더 깊이 이해해야 한다. 우리의 입맛대로 자연을 바꾸면서 사는 쪽이 아니라, 생물들을 이해하고 그들이 살아가는 방식에 맞추어 산다는 생각도 해 볼 필요가 있다. 이 책이 그런 문제들을 생각하는 데 도움이 되었으면 한다.

2015년 4월

이한음

위기의 지구 돔을 구하라

공존을 위한 생태 과학 소설

2015년 4월 30일 1판 1쇄
2016년 6월 3일 1판 3쇄

지은이 이한음
그린이 정은규

편집 정은숙, 서상일 **디자인** 백창훈 **마케팅** 이병규, 양현범, 박은희 **제작** 박홍기
출력 한국커뮤니케이션 **인쇄** 한승문화사 **제본** 경원문화사

펴낸이 강맑실 **펴낸곳** (주)사계절출판사
주소 (우)10881 경기도 파주시 회동길 252
전화 031)955-8558, 8588 **전송** 마케팅부 031)955-8595 편집부 031)955-8596
홈페이지 www.sakyejul.co.kr **전자우편** skj@sakyejul.co.kr
블로그 skjmail.blog.me **트위터** twitter.com/sakyejul **페이스북** facebook.com/sakyejul

ⓒ 이한음 2015

ISBN 978-89-5828-854-1 43400

이 도서의 국립중앙도서관 출판시도서목록(CIP)은 e-CIP 홈페이지(http://www.nl.go.kr/ecip)와
국가자료공동목록시스템(http://www.nl.go.kr/kolisnet)에서 이용하실 수 있습니다.
(CIP제어번호: CIP2015011251)